U0234550

国家出版基金项目
NATIONAL PUBLICATION FOUNDATION

"十四五"时期
国家重点出版物出版专项规划项目

工业和信息化部"十四五"规划教材建设
重点研究基地精品出版工程

高效毁伤系统丛书

MINIATURE GENERATOR TECHNOLOGY FOR FUSE

引信微小型发电机技术

牛少华　隋　丽●著

北京理工大学出版社
BEIJING INSTITUTE OF TECHNOLOGY PRESS

版权专有 侵权必究

图书在版编目（ＣＩＰ）数据

引信微小型发电机技术 / 牛少华，隋丽著. --北京：
北京理工大学出版社，2022.4
　ISBN 978-7-5763-1290-4

　Ⅰ.①引… 　Ⅱ.①牛… ②隋… 　Ⅲ.①引信-发电机
Ⅳ.①TM31

中国版本图书馆 CIP 数据核字（2022）第 068985 号

出版发行 / 北京理工大学出版社有限责任公司
社　　址 / 北京市海淀区中关村南大街 5 号
邮　　编 / 100081
电　　话 / （010）68914775（总编室）
　　　　　（010）82562903（教材售后服务热线）
　　　　　（010）68944723（其他图书服务热线）
网　　址 / http://www.bitpress.com.cn
经　　销 / 全国各地新华书店
印　　刷 / 三河市华骏印务包装有限公司
开　　本 / 710 毫米×1000 毫米　1/16
印　　张 / 16.25
彩　　插 / 2　　　　　　　　　　　　　　　责任编辑 / 刘　派
字　　数 / 306 千字　　　　　　　　　　　文案编辑 / 李丁一
版　　次 / 2022 年 4 月第 1 版　2022 年 4 月第 1 次印刷　　责任校对 / 周瑞红
定　　价 / 86.00 元　　　　　　　　　　　责任印制 / 李志强

图书出现印装质量问题，请拨打售后服务热线，本社负责调换

《高效毁伤系统丛书》
编 委 会

名誉主编：朵英贤　王泽山　王晓锋

主　　编：陈鹏万

顾　　问：焦清介　黄风雷

副 主 编：刘　彦　黄广炎

编　　委（按姓氏笔画排序）

王亚斌　牛少华　冯　跃　任　慧

李向东　李国平　吴　成　汪德武

张　奇　张锡祥　邵自强　罗运军

周遵宁　庞思平　娄文忠　聂建新

柴春鹏　徐克虎　徐豫新　郭泽荣

隋　丽　谢　侃　薛　琨

丛书序

　　国防与国家的安全、民族的尊严和社会的发展息息相关。拥有前沿国防科技和尖端武器装备优势，是实现强军梦、强国梦、中国梦的基石。近年来，我国的国防科技和武器装备取得了跨越式发展，一批具有完全自主知识产权的原创性前沿国防科技成果，对我国乃至世界先进武器装备的研发产生了前所未有的战略性影响。

　　高效毁伤系统是以提高武器弹药对目标毁伤效能为宗旨的多学科综合性技术体系，是实施高效火力打击的关键技术。我国在含能材料、先进战斗部、智能探测、毁伤效应数值模拟与计算、毁伤效能评估技术等高效毁伤领域均取得了突破性进展。但目前国内该领域的理论体系相对薄弱，不利于高效毁伤技术的持续发展。因此，构建完整的理论体系逐渐成为开展国防学科建设、人才培养和武器装备研制与使用的共识。

　　《高效毁伤系统丛书》是一项服务于国防和军队现代化建设的大型科技出版工程，也是国内首套系统论述高效毁伤技术的学术丛书。本项目瞄准高效毁伤技术领域国家战略需求和学科发展方向，围绕武器系统智能化、高能火炸药、常规战斗部高效毁伤等领域的基础性、共性关键科学与技术问题进行学术成果转化。

　　丛书共分三辑，其中，第二辑共 26 分册，涉及武器系统设计与应用、高能火炸药与火工烟火、智能感知与控制、毁伤技术与弹药工程、爆炸冲击与安全防护等兵器学科方向。武器系统设计与应用方向主要涉及武器系统设计理论与方法，武器系统总体设计与技术集成，武器系统分析、仿真、试验与评估等；高能火炸药与火工烟火方向主要涉及高能化合物设计方法与合成化学、高能固体推进剂技术、火炸药安全性等；智能感知与控制方向主要涉及环境、目标信息感知与目标识别，武器的精确定位、导引与控制，瞬态信息处理与信息对抗，新原理、新体制探测与控制技术；毁伤技术与弹药工程方向主要涉及毁伤理论与方法，弹道理论与技术，弹药及战斗部技术，灵巧与智能弹药技术，新型毁伤理论与技术，毁伤效应及评估，毁伤威力仿真与试验；爆炸冲击与安全防护方向主要涉及爆轰理论，炸药能量输出结构，武器系统安全性评估与测试技术，安全事故数值模拟与仿真技术等。

本项目是高效毁伤领域的重要知识载体，代表了我国国防科技自主创新能力的发展水平，对促进我国乃至全世界的国防科技工业应用、提升科技创新能力、"两个强国"建设具有重要意义；愿丛书出版能为我国高效毁伤技术的发展提供有力的理论支撑和技术支持，进一步推动高效毁伤技术领域科技协同创新，为促进高效毁伤技术的探索、推动尖端技术的驱动创新、推进高效毁伤技术的发展起到引领和指导作用。

《高效毁伤系统丛书》
编委会

前　言

随着武器弹药灵巧化、智能化的发展，引信功能也在不断扩展，早期的纯机械式引信已无法满足现代引信功能的要求，机电式引信和全电子引信已成为目前引信发展的主要方向。引信电源为引信电路系统和电雷管引爆提供电能，是机电引信、全电子引信系统中不可或缺的关键组件。

传统的引信用化学电池以及物理电源，很难适应现代引信小型化、智能化的发展，在很多引信系统中无法满足使用要求，如子弹药引信智能化改造、反硬目标侵彻引信等。伴随着微小型机电系统技术的发展，将环境中机械能、光能、热能等转换为电能为系统供电的能量收集及微小型发电机技术应运而生，这些技术也为引信电源的研究和发展提供了新的思路和技术途径。本书总结了作者近年来开展小口径弹药、子弹药、侵彻弹药引信用微小型发电机的研究工作，以期为引信微小型发电机相关技术的研究提供一些参考。

本书共分 7 章。第 1 章介绍了引信电源设计要求、种类及现状，并对目前微小型发电机的研究现状进行了介绍；第 2 章介绍了微小型盘式磁电发电机的工作原理，并对其设计方法进行了详细的论述；第 3 章针对引信用风动涡轮发电机受弹道气流影响较大、不便于引信长期贮存等问题，提出了一种相对旋转式磁电发电机，并对其工作原理及设计方法进行了分析和论述；第 4 章基于子弹药结构及其工作特性，设计了一种风致振动式压电发电机，并对其性能和影响因素进行了分析；第 5 章提出了一种冲击式压电发电机，介绍了其工作原理，并针对旋转弹和非旋弹不同工作特点对其进行了设计和分析；第 6 章根据侵彻引信工作环境特点，提出了一种冲击式磁电发电机，并对其结构、性能进行了设计和分析；第 7 章基于压电式发电机和磁电式发电机的工作性能、特点，分别对其相应的电源管理电路进行了分析与设计。

感谢石庚辰教授、张力丹硕士、邝应龙硕士、李梦梅硕士、王彭颖恺硕士在本书撰写过程中的通力合作。本书的撰写参考了大量的文献，除书中所列出的以外，还包括了所引文献和图书中的文献，在此对上述文献作者表示衷心的感谢！

由于作者水平有限，书中难免会有缺点和不足之处，敬请读者不吝赐教和批评指正。

作者

2021 年 12 月

目　录

第 1 章

绪　论

随着现代引信技术的发展，引信的功能在不断扩展，早期的纯机械式引信已无法满足现代引信功能的要求，机电式、全电子引信已成为目前引信发展的主要方向，这些引信都需要电源为其供电。

引信电源为引信电路系统和电雷管引爆提供电能，是机电式引信以及全电子引信中不可缺少的重要部件。在武器弹药系统向信息化、智能化、微型化发展的过程中，引信电源发挥着至关重要的作用。

引信使用的电能可由发射平台如通电火炮、航炮在弹药发射时向引信上的储能电容充电来获得。但是，从安全性、实用性及引信本身的需要考虑，一般不考虑采用外部电源。除大型导弹，其控制、导引、制导部分备有电源，引信可利用这些电源作为引信电源使用外，绝大多数的引信都需要采用单独的自备式电源。

|1.1 引信电源的研究现状|

引信电源是将机械能、化学能或其他形式的能量转化为引信所需电能的装置，同时为各种引信发火控制系统、安全控制系统、爆炸序列首发发火元件提供能源。引信电源一般分为物理电源和化学电源两类，随着引信电源技术的发展，还产生了一种将物理电源和化学电源结合在一起的混合电源。

1.1.1 引信电源的设计要求

引信电源可以是直接安装在引信内部的电池（如锂电池、化学电池等），也可以是利用弹丸的发射环境和飞行环境进行发电的能量采集转换装置。由于现代战争的复杂性，不同弹种对引信电源提出的要求也不同，对引信电源一般有下列要求。

（1）引信电源要提供额定工作电压与工作电流。引信所需的电能量的大小，一般由电子器件和电雷管的工作特性决定。随着低压电雷管、低功耗集成电路的出现，电源电压的要求已降到 10～15 V，甚至 10 V 以下。随着器件的发展，电源工作电流的变化也很大。随着 PMOS、COMS 器件的应用，对供电电流的要求已降到 1.5～10 mA，甚至 10～50 μA 左右。这样，对电源的功率要求也进一步降低。

（2）引信电源的工作温度范围要广。引信电源应在较广的温度变化范围内满足正常使用的要求。一般来讲，对地面弹药，温度范围是 −40～50 ℃，对于航空弹药则是 −50～+50 ℃。而普通电源很难经受这样大的温度变化，特别是在低温环境。

（3）引信电源的工作寿命及贮存寿命。电源的工作寿命是指其能够输出额定电压与电流的时间。这个时间的长短决定了引信电源的可靠工作时间。一般的炮弹、火箭弹和战术导弹引信，最长工作时间为 3～4 min；小口径炮弹引信一般为 10～20 s；对于地雷引信，则要求布雷后 3～6 个月，甚至 1 年以上的时间内能工作。

此外，军用弹药的贮存期限一般为 15～20 年，因此对于整装弹药的引信电源，需要引信电源贮存 20 年而不改变其性能。

（4）耐冲击与抗旋转的能力。有些引信电源要经受大的冲击与振动，同时也要经受高速旋转的环境。电源在这些环境作用下不应损坏或改变其电性能，还必须不能产生使引信早炸等的干扰信号，否则，引信将发生瞎火或早炸事故。

（5）激活时间。所谓激活时间，是指电源在激活冲量作用后达到输出额定电压或电流的时间。这一时间对于机电触发引信或无线电近炸引信是不重要的，但对于高精度的电子时间引信，将直接影响到其计时精度。

（6）成本与生产。引信电源的成本应低廉，同时容易进行大批量生产。

1.1.2　引信电源的种类与特点

引信电源主要分为化学电源、物理电源和复合电源。

1. 化学电源

化学电源指的是将化学能直接转变成为直流电能的装置，其功能是依靠电化学反应直接为引信提供直流电能。根据发生电化学反应的电介质的不同，化学电源可分为液态储备式电池和固态储备式电池。

1）液态储备式电池

液态储备式电池在常温下进行电化学反应，电介质为液态状态。为满足引信长期贮存的要求，电解液被存放于玻璃、塑料、金属等密封容器内，使电解液与电极隔离，使其不能产生放电现象。当引信需要电源工作时，密封容器被激活机构击碎，电解液接触电极发生电化学反应，进而为引信供电。液态储备式电池的典型结构如图 1−1 所示，主要由电池组、电解液、电解液瓶、电池激活机构、插头、外壳等组成。弹丸发射时，在后坐力的作用下，激活机构将电解液瓶击碎，电解液在离心力的作用下进入电池组中电极间的空隙，电池被激活。因此，液态储备电池主要适用于旋转弹药引信。常用的液态储备式电池有高氯酸电池、氟硼酸电池、液氨电池、锂电池等。

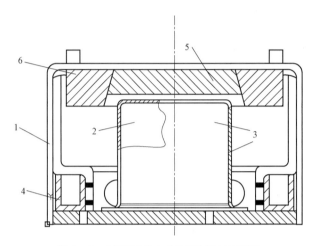

图 1-1 典型液态储备电池结构原理示意图
1—外壳；2—电解液；3—液瓶；4—电池堆；5—内质量块；6—外质量块

高氯酸电池、氟硼酸电池属于铅酸类电池。电池的阳极为二氧化铅，阴极为 Pb。高氯酸电池的电解液主要成分为 50% 的高氯酸，其低温特性较好，在 −40 ℃时的激活时间只要 0.5 s，高温下的稳定性较差，易产生爆炸；氟硼酸电池的电解液为 48% 的氟硼酸，其温度特性相对稳定，在 −40～50 ℃内能够可靠工作，在 −40 ℃时的激活时间为 0.4 s。这两种电池的功率密度相当，大约为 80 mW/cm³。高氯酸电池主要使用在早期的无线电引信中，氟硼酸电池则更多应用于电子时间引信、小口径弹药引信、多用途弹药引信中。

液氨电池的电解液采用液态氨和硫氰酸盐，阳极材料通常采用二氧化铅、二氧化锰、间二硝基苯、石墨、碳等，阴极材料则通常采用镁、钙、锌等。液氨电池的工作温度范围为 −54～74 ℃，激活时间约为 0.2 s。工作寿命在 1.8 A/dm³ 时可放电 7～8 min，放电电压为 1.8～1.9 V。液氨电池主要使用在导弹和航弹引信中。

锂电池是在 20 世纪 60 年代发明的一种高能量密度电池，其比能量可达 1.22 W·h/cm³。锂电池的阳极材料为锂，阴极材料常用的有五氧化二钒、二氧化硫、二氧化锰等，电解液为有机溶液，如丙烯碳酸酯或甲酸酯。锂电池具有放电平稳、贮存性能好的优点。但是用作引信电源时，存在电压滞后、串联结构时可能发生爆炸等问题。早期，锂电池主要应用于反坦克地理引信中；目前，在电子时间引信、中大口径炮弹近炸引信、多选择引信机导弹引信中也有使用。

2）固态储备式电池

目前，引信中使用的固态储备式电池主要为热电池，也称为熔融盐电池，是 20 世纪 40 年代研制的一种新型电源。热电池的电解质采用双元或多元熔融盐共熔体，在常规条件下为不导电、无活性的固体，电池处于非工作状态。只有在弹丸发射时，火工品点火之后，把不导电的固体状态盐类电解质加热熔融，使之呈离子型导体时才发电。因此，热电池的稳定性好，便于长期贮存，贮存年限可达 20 年。另外，外界环境温湿度对热电池影响较小，其工作温度范围为 −50～70 ℃，允许相对湿度可达 98%。热电池还具有体积小、质量轻、强度高的特点，能经受 15000g 的冲击和 20 000 r/min 旋转离心环境的作用。热电池在各种制导武器、核武器、火炮弹药中都有应用。但是，热电池也存在一些不足之处：工作时间相对较短，大多在 60 s 以下；热惯性大，激活时间长且散布较大，不适用于电子时间引信电源；热电池大多还采用手工制造，价格较高。

2. 物理电源

物理电源是在一定条件下实现能量直接转换的物理器件。引信物理电源是随着武器系统对引信需求不断增加和满足引信对电源的需要而研制发展起来的，相较化学电源，物理电源具有如下特点：

（1）引信物理电源绝大多数可以百分之百做无损检测，因此可在实验室重复模拟与仿真；产品出厂前可以进行发电性能检验；对回收的产品也可重复使用。

（2）引信物理电源内部无变化的化学物质，容易做到长期贮存，而且贮存性好。

（3）引信物理电源通常利用弹道环境来实现能量转换，能很好地保障引信的平时安全性。

目前，在引信中使用较多、技术比较成熟的物理电源主要是基于磁电转换原理的磁电式发电技术。另外，基于压电效应的压电式发电机技术作为引信电源，近年来国内外也开展了较多的研究。

1）磁后坐发电机

磁后坐发电机是利用弹体发射时的后坐力，使永磁体与线圈发生相对运动，产生感应电动势，进而为引信电路供电。其典型代表为用于 M762 电子引信的磁后坐发电机，其结构原理如图 1−2 所示。磁后坐发电机具有如下特点：激活快，从驱动力作用到产生电动势约 10 ms；结构简单，抗冲击性能好；便于制造，价格便宜。但是，磁后坐发电机的输出电压为单脉冲，能量较小，作用时间短，只适宜用于起爆低能量电雷管及微功耗电路，并且需要能量存储装置。

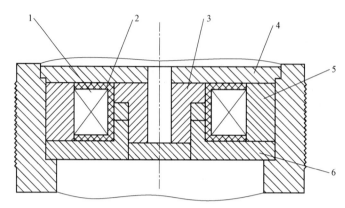

图 1-2 M762 引信的后坐发电机结构示意图
1—线圈；2—骨架；3—铁芯；4—轭铁；5—永磁体；6—支环

2）涡轮式发电机

涡轮式发电机主要由涡轮、转子、定子、线圈组成，其原理如图 1-3 所示。永磁体通常装配于转子上，线圈则按一定方式绕制在定子之上。涡轮在驱动力作用下转动时将带动转子旋转，线圈内的磁场将发生交替变化，产生感应电动势，实现发电功能。涡轮发电机具有如下特点：转子的转速通常较高，可达每分钟几十万转，故而能产生较高的电压；涡轮式发电机的体积通常较小、质量较轻、结构比较坚固，输出电压比较稳定；涡轮式发电机平时不带电，贮存、勤务处理的安全性好。

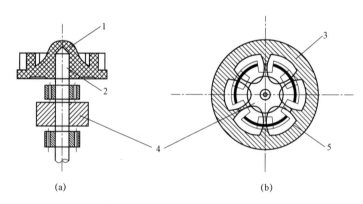

(a)   (b)

图 1-3 涡轮式发电机结构原理
1—涡轮；2—转轴；3—定子；4—转子；5—磁力线

涡轮式发电机转子的转动通常是利用弹体飞行过程中，弹体头部气流驱动涡轮或风翼旋转来实现，也有利用火药燃气进行驱动，如苏联的萨姆-7 导弹使用的燃气轮机。风翼式发电机的翼片在引信体头部外，通过翼片的旋转带动转子转动，其空气动力性能较差，多用在导弹和低速导弹引信上。涡轮式发电机的涡轮通常内置于引信体内部，可在较高速度飞行的导弹上使用。涡轮式发电机根据气流进气方式的不同，目前主要有轴向进气式和环形进气式两种结构。轴向进气式结构，气流的进气通道沿弹体轴向设计，其典型代表为美国 M734 引信的涡轮发电机，如图 1-4 和图 1-5 所示。环形进气式的气流进气通道则沿弹体侧面设计，其典型代表为美国 PX581 多选择引信的涡轮发电机。

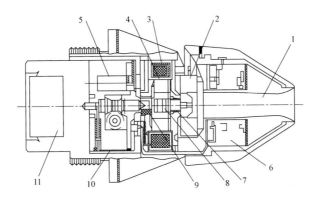

图 1-4　轴向进气式涡轮发电机结构

1—进气道；2—涡轮；3—线圈；4—定子；5—电雷管；6—电子组件；7—轴承；
8—转子；9—离合器；10—保险装置；11—传爆药

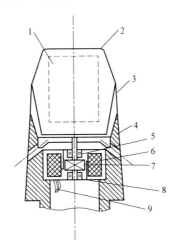

图 1-5　侧向进气式涡轮发电机结构

1—探测或电子器件；2—引信体；3—侧进气道；4—叶轮；5—发电机轴承；
6—线圈；7—转子；8—定子；9—发电机输出

3）压电式发电机

压电式发电机的基本工作原理是基于压电效应。利用引信工作的环境力，如发射时的后坐力或碰目标时的撞击力等，使压电材料产生变形，由于压电效应，材料的变形使其产生电压输出。将此电能存储起来，就可以作为引信的电源。近年来，国内外不少研究机构都开展了引信用压电式发电机的研究。

美国纽约州立大学石溪分校提出了一种新型引信冲击式压电发电装置，如图 1-6（a）所示。弹簧弹性系数 $k = 5 \times 10^5$ N/m，等效质量 $m = 4$ g，当弹簧受到 13 000g 加速度过载时被完全压缩，变形量为 1 mm。此时能够产生的能量约为 500 mJ。

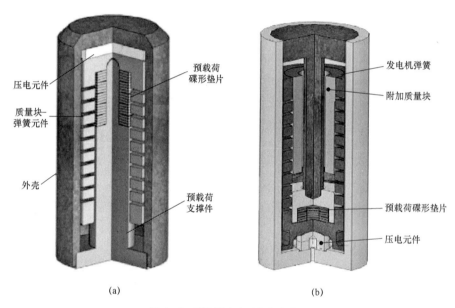

图 1-6　引信用冲击压电发电装置

但是，这种设计存在不足之处：当电源承受高过载时，弹簧-质量块单元变形过大，造成压电元件损坏。2010 年，Jahangir Rastagar 等提出了改进措施，改进结构如图 1-6（b）所示，与之前结构的不同之处在于新结构由弹簧-质量块单元和成套的预载压电式发电单元组成，这一改进提高了电源抵抗高过载的能力。

国内，南京理工大学的徐伟等结合使用需求和微机电系统（MEMS）加工技术，设计了一种小型气流激励发电装置（图 1-7），该装置利用内部的劈尖、喷嘴等结构使气流在腔内发生振动，从而引起压电膜片振动发电。西安机电信息研究所提出了一种基于亥姆霍兹共鸣器的引信用气流谐振发电机，用压电薄膜代替磁电发电机进行了实验室模拟吹风试验，试验结果显示这种结构的发电机能够输出较大的功率，能够满足低功耗引信的使用，并且具有体积小、成本低、结构简单、质量轻的特点。

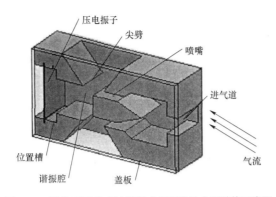

图 1-7 引信 MEMS 压电膜片式气流激励电源结构示意图

3. 复合式电源

复合式电源是物理电源和化学电源的复合，它是结合物理电源快速激活、化学电源能量能够提供较大能量的优点，来实现为引信供电，在小口径弹药引信中具有较好的应用前景。目前，研究的复合式电源主要有压电发电机—储备式化学电源、磁后坐发电机-储备式化学电源。

压电发电机-储备式化学电源复合电源的工作原理：弹药发射时，利用引信后坐机构的后坐力作用于压电陶瓷叠片上，压电陶瓷发生变形在两极产生电荷；通过电容将压电陶瓷上产生的电荷进行存储；存储在电容中的电能，通过电源稳压模块供引信电路使用；在电容存储能量消耗完之前，化学电源（如铅酸电池）能够可靠激活，从而接续为引信电路供电。

磁后坐发电机-储备式化学电源复合电源的工作原理与压电发电机-储备式化学电源复合电源类似，利用弹体发射时的后坐力驱动磁后坐发电机发电，通过电容储能并经过稳压模块给引信电路供电；在磁后坐发电机停止工作之前，化学电池被可靠激活，从而接续为引信电路供电。

目前，上述复合式电源可以提供给 30 mm 以上口径弹药，可确保引信在出炮口时，电路系统已开始工作，能够可靠接收装定信息。但是，上述复合式电源的直径在 17 mm 左右，很难适应如 20 mm 这样小口径弹药。

|1.2 微小型发电机的研究现状及发展趋势|

伴随着微小型机电系统技术的发展，微小型发电机技术应运而生。微小型机电系统在结构健康监测、环境监测、植入式医疗诊治等方面都有着广阔的应用前景。但是，由于传统机电系统的供电方式无法满足这些系统的使用要求，供电已成为微小型机电系统应用中遇到的一个主要瓶颈问题。

作为一种典型的机电系统，现代引信在小型化、智能化发展中同样面临着供电问题，传统的供电方式，特别是基于化学电池的供电模式，在很多引信系统中无法满足使用要求，如子弹药引信的智能化改造、反硬目标侵彻引信等。因此，如何从引信工作环境中获取能量并转换为电能为引信系统供电，已成为现代引信技术研究中的一个重要领域。

本节将对目前研究较为广泛的几种微小型发电机的研究状况做一简要介绍，以便为相关研究提供一定的参考和借鉴。

1.2.1　微小型磁电式发电机

微小型磁电式发电机是基于电磁感应定律，将环境中的机械能转换为电能的一类发电装置。由于持续或阶段性的振动普遍存在于环境中，因此振动式微小型磁电发电机是目前研究较多的一类磁电式发电机。磁电振动式微小型发电机，根据振动部件的不同，可分为动磁铁型、动线圈型和磁铁线圈同振型。

1. 动磁铁型

1996 年，英国谢菲尔德大学的 Williams 首次提出 MEMS 电磁振动俘能器，其结构图和理论模型图分别如图 1-8 和图 1-9 所示。利用建立的集总参数模型推导出输出功率的表达式，得出输出功率与质量块质量、振幅、谐振频率成正比，与阻尼比成反比的结论。

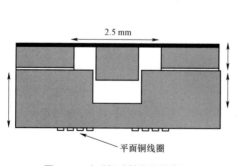

图 1-8　电磁振动俘能器结构图

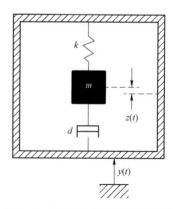

图 1-9　电磁振动俘能器理论模型图

1998 年，英国 Southampton 大学 Kulkarni 等提出一种磁电振动型电源，如图 1-10 所示。该设计将磁铁放于铜材料制成的悬臂梁上感应外界振动，线圈则保持静止以感应变化的磁场。通过实验，当发电机带载且受到外界振动频率 60 Hz 和加速度 8.83 m/s² 时，最大输出功率为 10^4 nW。

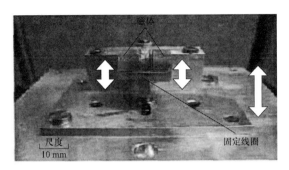

图 1-10 Southampton 大学的微型电源

2003 年，重庆大学温中泉等采用永磁体、多层感应线圈和平面弹簧组建了一个完整的磁电振动型系统，如图 1-11 所示。通过测试，该发电机工作频率为 122 Hz，开路电压为 254.7 mV，带载为 1 kΩ时，输出电压为 134.3 mV，输出功率为 18.04 mW。

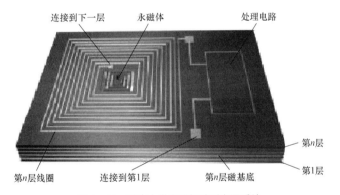

图 1-11 重庆大学电磁振动型电源系统

2010 年，Park 研究出一种可应用于低频振动环境的微磁电式电源，由基于硅工艺加工的螺旋弹性梁、平面铜线圈和钕铁硼磁铁组装而成，如图 1-12 所示。通过测试，该微型发电机的谐振频率为 54 Hz，在 0.57g 的加速度激励下，最大输出电压和功率分别为 68.2 mV 和 115.1 μW。

2014 年，大不列颠哥伦比亚大学的 Khan 仅通过一张掩膜板加工出一种动磁铁型磁电式俘能器。两块磁铁通过平面弹簧梁支撑，在磁铁上、下两侧分别布置有平面铜线圈，整体尺寸为 12 mm × 12 mm × 7 mm，如图 1-13 所示。其谐振频率为 375 Hz，在 13.5g 的加速度作用下，最大输出电压和输出功率分别为 46.3 mV 和 10.7 μW。

图 1-12　Park 设计的微型发电机

(a)　　　　　　　　　　　(b)

图 1-13　Khan 设计的微型发电机

2. 动线圈型

2003 年，香港大学研制了能够将环境振动能转换为电能的微型发电机，使其为智能传感器系统供电。提出了微型发电机的两个原型：单磁极型和多磁极型，单磁极型原理模型如图 1-14 所示，多磁极型原理模型如图 1-15 所示，单磁极型实物如图 1-16 所示，多磁极型实物如图 1-17 所示。其中，多磁极型发电机已在汽车发动机上测试并显示峰值功率为 3.9 mW，平均功率为 157 μW。

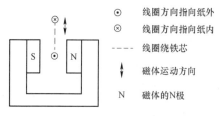

⊙　线圈方向指向纸外
⊗　线圈方向指向纸内
-----　线圈绕铁芯
↕　磁体运动方向
N　磁体的N极

图 1-14　单磁极型原理模型

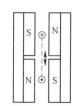

⊙　线圈方向指向纸外
⊗　线圈方向指向纸内
-----　线圈绕铁芯
↕　磁体运动方向
N　磁体的N极

图 1-15　多磁极型原理模型

图 1-16 单磁极型实物图

图 1-17 多磁极型实物图

3. 磁铁线圈同振型

2008 年，美国 Michigan 大学提出了磁铁线圈同振型的微型磁电式振动能量采集器，该设计通过一种频率放大器装置将较低频率的振动转换成较高频率的振动，并基于电磁感应原理，将较高频率振动所产生的机械能转换成电能加以存储并用于后续电路。该微型电磁式振动能量采集器的原理示意图和结构剖面图分别如图 1-18 和图 1-19 所示。

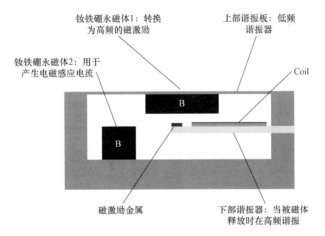

图 1-18 美国 Michigan 大学的采集器原理示意图

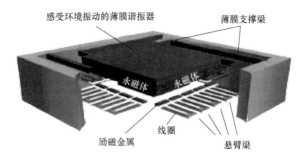

图 1-19 美国 Michigan 大学的采集器结构剖面图

该采集器结构上方是悬空的较低固有频率的振动膜，下方是较高固有频率的带有线圈的悬臂梁阵列，并且其前端具有一定的磁性。当外界出现低频振动激励时，振动膜发生上、下方向的振动。当永磁铁与悬臂梁端部的距离达到临界值，永磁体就会吸附悬臂梁；而当其达到另一个临界距离时，悬臂梁会被释放下来，以固有频率产生共振。该设计可以实现从低频向高频的转换，从理论上来说，该设计能量转换效率较高。

1.2.2　微小型压电式发电机

压电式发电机具有功率密度大、体积小、能够长期贮存、无污染、低成本等诸多优点。利用材料的压电效应制作的压电式发电机（Piezoelectric Energy Generator）广泛应用于将环境中的机械能转化为电能。目前，压电式发电机主要分为冲击式压电发电机和振动式压电发电机。

1. 冲击式压电发电机

南洋理工大学的 Tjiu 等研制了一种如图 1−20 所示的冲击式压电发电机，该发电机的激励方式是利用发电机上方坠落的物体来冲击压电材料表面。实验中通过改变撞击物体的形状与接触面积 [图 1−20（b）]，比较各参数与压电式发电机性能之间的关系。实验结果显示，撞击压电材料的正中心有利于提高发电量。此外，减少撞击物体与压电式发电机的接触面积，同时压电式发电机尽可能减少缓冲材质的使用也能够提高发电性能。英国 Cranfield 大学的 Michele Pozzi 等研究了一种可穿戴式冲击发电机，其结构原理如图 1−21 所示。将压电式发电机安装于膝关节上，利用人体行走带动压电片与拨子冲击，从而将冲击能转化为电能。

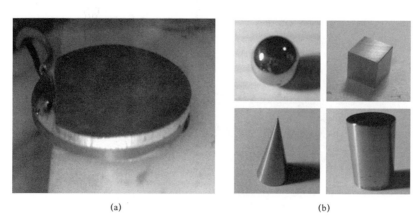

（a）　　　　　　　　　　　　（b）

图 1−20　南洋理工大学研制的冲击式压电发电机

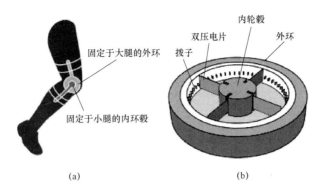

(a)   (b)

图 1-21 可穿戴式冲击发电机结构示意图

在国内，冲击式压电发电机的研究也受到广泛的重视，北京理工大学、南京航空航天大学、大连理工大学等高校都进行了相关研究，并且申请了相关发明专利。北京理工大学邝应龙等对引信用旋转式冲击压电发电机进行了研究。如图 1-22 所示，涡轮通过发电机轴与压电式发电机的冲击轮相连接；在冲击轮上有冲击齿，弹性元件固定在外部本体上，弹性元件上粘贴有压电元件。在风力作用下，涡轮拾取风动机械能并转换为旋转机械能，涡轮通过发电机轴带动冲击轮转动。冲击轮转动过程中，其上的冲击齿冲击弹性元件，使压电元件产生变形。由于压电效应的作用，从而将机械能转换成电能，电能通过后续的电源管理电路整流后存储在储能电容中供负载使用。

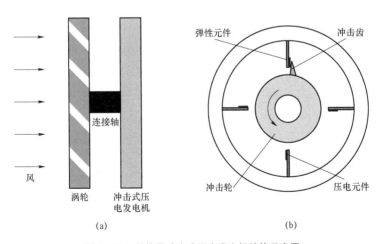

(a)   (b)

图 1-22 引信用冲击式压电发电机结构示意图

2. 振动式压电发电机

振动式压电发电机结构种类繁多，其原理是利用压电材料的正压电效。压电元件在外界振动激励作用下随之振动，使压电元件产生变形，随之积累电荷从而在压电元件上、下两个电极之间相形成电势差。通过能量采集电路将该电势差转换并存储，完成机械能向电能的转换。根据振动类型又可以分为颤振、涡激振动、弛振等类型。

1）颤振

图 1-23 所示为典型的颤振结构。压电悬臂梁固定在机翼结构末端，当气流速度大于或等于颤振速度时，阻尼变为负值，系统进入不稳定状态，压电悬臂梁发生多自由度大变形振动。

（1）理论方面。颤振理论分为线性和非线性两种。线性理论主要用于压电式发电装置的结构设计，通过改变参数优化发电机性能，如振动频率、几何参数、时间参数模型等，线性理论在一定程度上指导了压电式发电装置的设计。Erturk 等建立了压电式发电机的分布参数机电模型，并进行了一系列实验。实验表明，振动的幅度与输出电能的大小直接相关。同时改变负载电阻阻值、改变风向与压电悬臂梁间的夹角、基底材料的选择都影响着发电机的输出性能。在风速 15 m/s，负载 98 kΩ 时，风速压电片夹角为 20° 时，输出功率为 7 μW。Marqui 等通过实验发现，分布电极比单电极更具优势。非线性理论考虑了实际应用过程中可能出现的因素对力学模型的影响，如惯性力、阻尼、几何间隙、空气动力学等，因此与线性理论相比，更接近实际情况。根据非线性理论模型，当压电悬臂梁发生非线性振动时能够产生的能量比线性振动时要大。Abdelkefi 等发现，通过改变颤振的离心率或者优化发电装置的结构，能够将电能输出提高数倍甚至一个数量级。

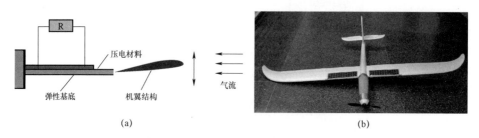

(a)   (b)

图 1-23　基于颤振机理的压电式发电装置

（2）实验方面。Anton 和 Inman 等在 2008 年进行了一次验证性实验。压电发电片被固定在一个翼展 1.8 m，长 1.1 m，净重 0.9 kg 的无人机机翼上。压电悬臂梁紧贴在机翼表面，在无人机飞行过程中，随着机翼的颤振而振动，从而产生电能。实验证明，当机翼上固定一定数量的压电片，储能装置采用 EH300 电容时，在 13 min 的飞行过程中，压电发电片产生 4.6 mJ 的电能。

2）涡激振动

涡激振动结构如图 1-24 所示，压电片一端与固定装置相连，固定装置多为截面是圆形的柱体。当雷诺数较低时，圆柱两侧交替地产生脱离结构物表面的旋涡，随着气流速度加大，出现卡曼涡街。这种交替产生脱落的旋涡会产生周期性变化的脉动气动压力，使得压电片产生振动，产生谐振时将会产生闭锁现象，即压电片的振动频率会固定在某一个值。

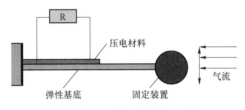

图 1-24　涡激振动结构原理图

美国科学家 Taylor 在 2001 年设计制作了一种利用 PVDF 压电材料发电的水能俘获装置，称为"发电鳗鱼"，其结构如图 1-25 所示。在这项研究中，Taylor 利用 PVDF 压电材料的柔性，将其放置在水流中，随着流体的流动而振动，进而产生电量。研究表明，尺寸为长 142.24 cm，宽 15.24 cm，厚 400 μm 的 5 个并行压电振子，在来流速度为 1 m/s 时，可以输出 1 W 的能量。相似的结构在气流环境中也被验证具有能量采集能力。

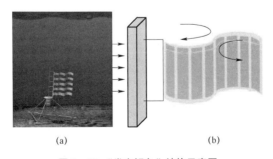

(a)　　　　　　　　　　(b)

图 1-25　"发电鳗鱼"结构示意图

Akaydin 等在湍流环境下对压电振子进行了实验，压电材料采用 PVDF 压电薄膜，固定装置为圆柱体。通过实验发现，当旋涡频率与压电薄膜固有频率一致时，发电量最高。同时，气流方向与压电薄膜平行也有助于产生更多的电能。Weinstein 等研究发现，在自由振动的压电片末端固定质量块，能够增加振幅，从而提高发电量。

3）弛振

弛振的原理与颤振相似，其原理如图 1-26 所示，区别在于颤振的物体一般具有多个自由度，而弛振的物体则只具有单个自由度。自 1984 年开始，弛振的相关研究成果集中在系统参数在整个系统中的作用及对弛振运动的影响，如钝体截面的几何尺寸对系统振动幅度的改变作用。

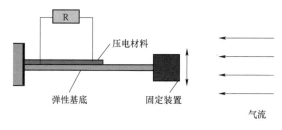

图 1-26　弛振结构原理图

2012 年，Sirohi 和 Mahadik 设计了一种弛振发电装置如图 1-27 所示，在一个 PZT 压电悬臂梁末端固定了一根 235 mm 长的实木木棒。双压电晶片由两层压电晶片串联而成；木棒截面形状是 D 形，在风场作用下产生旋涡，木棒振动带动压电晶片振动进而发电。压电晶片是两层压电晶片串联构成。当风速为 1 m/s 时，输出功率最大值为 250 μW。

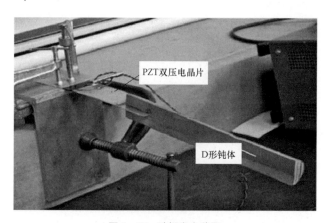

图 1-27　弛振发电装置

|1.3 微小型发电机在引信中的应用前景|

随着现代引信技术的不断发展，引信的功能不断拓展，其功能实现也从传统的机械化朝着电子化、智能化以及小型化的方向发展。传统的化学电源或物理电源具有体积大、能量密度低、使用寿命有限等缺点，无法满足引信对小体积、长寿命、免维护、高能量密度电源的需求。例如，子母弹的子弹药引信，由于子弹体积有限，子弹引信的主发火机构多采用机械惯性触发机构，导致子弹引信作用可靠性低，子弹药的未爆率较高。未爆子弹药造成的后果严重，对平民安全和环境都产生了很大的伤害和破坏。由于传统子弹药带来的人道主义危机，近年来，国际社会对其使用进行了限制，《国际禁止集束弹药公约》中明确要求集束弹药子弹药应具有自毁功能。这一功能的实现需要电源装置为自毁引信提供电能。而目前限制子弹药引信发展的最主要原因之一是引信体积有限，没有足够空间布置电源装置。因此，微小型电源技术的研究已经成为各国子母弹子弹药技术发展中亟待解决的一个关键问题。

小口径炮弹引信的可编程、电子化、灵巧化方向的迅猛发展对引信电源性能提出了更高的要求，主要体现在以下三个方面。

（1）体积小型化。小口径弹药体积空间较小，留给引信设计的空间有严格限制。

（2）快激活。目前小口径引信一般在炮口位置、弹丸发射瞬间实现信息装定以简化装定装置与榴弹发射器的机械接口，这就要求引信电源必须在发射后瞬间，在经过信息装定器之前可靠激活。

（3）足够能量。电源激活后所产生的能量需要满足为小口径引信整个弹道的供能要求，包括引信处理器的工作能量和电雷管的发火能量。

传统的化学电源在体积、激活时间等方面的局限性，很难满足小口径弹药发展的需求。而常用的磁后坐发电机和压电发电机虽然能满足弹药膛内供电的要求，但由于受到体积限制，其发电量较小，不能同时满足信息处理和控制电路、起爆电路、自毁电路等的供能要求。因此，针对小口径弹药特点及其发展需求，研究适用的微小型发电机也是小口径弹药引信发展中亟待解决的关键技术之一。

除上述子母弹及小口径弹药引信对微小型发电机的需求外，硬目标侵彻引信也面临着类似的问题。目前，硬目标侵彻引信的供电系统存在如下问题：在高速侵彻过程中，原本的引信电源（如锂电池）不再正常工作，引信依靠储能元件（通常为电容）进行供电，而在高冲击载荷下的电容器会发生漏电现象，这种现象对引信电路的正常工作产生很大的不利影响，严重时甚至使引信电路得不到充足供电导致引信失效。为解决该问题，除解决储能元件的抗冲击过载问题外，研究利用侵彻冲击环境的微小型发电机为引信系统供电，不失为一种更好的技术途径。

综上所述，随着引信使用环境的扩大和变化，引信功能也不断拓展，引信对电源也提出了更新和更高的要求。微小型发电机技术已成为解决引信电源问题的一个重要途径，并且随着相关技术的发展，微小型发电机在引信领域也将有着更为广泛的应用前景。

第 2 章

微小型盘式磁电发电机

微小型磁电式发电机的基本工作原理是基于电磁感应定律，主要由永磁体、感应线圈以及驱动机构等组成。驱动机构在环境力的作用下，使永磁体和感应线圈产生相对运动，线圈回路的磁通量发生改变，进而在线圈中产生感应电动势，实现机械能到电能的转换。微小型磁电式发电机具有可靠性好、效率高、发电性能好、适用于恶劣环境、使用寿命长、易于维护和检测等诸多优点，在引信中有着很好的应用前景。根据驱动机构的运动形式的不同，通常可将微小型磁电式发电机分为振动式和旋转式。振动式磁电发电机最大输出功率受驱动机构固有频率的限制；另外，如果振动源不稳定，会造成电能输出的不稳定。旋转式磁电发电机利用环境中的机械能带动驱动机构旋转，使永磁体与感应线圈发生相对运动。由于旋转式磁电发电机结构转动相对比较稳定，比振动式磁电发电机其电能输出也更为稳定，而且其轴向尺寸小，因此更适宜于引信使用。

|2.1 旋转式磁电发电机的基本原理|

2.1.1 旋转式磁电发电机的组成及工作原理

旋转式磁电发电机通常包括多极磁体与盘式线圈，如图 2-1 所示。环境中的机械能驱动转子轴旋转，从而带动转子磁体或转子线圈转动，与定子线圈或定子磁体产生相对运动进而在线圈上产生感应电动势。

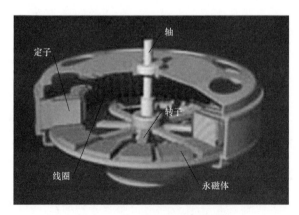

图 2-1　微小型盘式磁电发电机

根据法拉第电磁感应定律,磁体与线圈的相对运动将在线圈中产生感应电动势,其表达式为

$$U(t) = -N\frac{\mathrm{d}\Phi(t)}{\mathrm{d}t} = -SN\frac{\mathrm{d}B(t)}{\mathrm{d}t} \qquad (2-1)$$

式中　$U(t)$ 为感应电动势;Φ 为通过线圈围绕面积的磁通量的变化;t 为时间;B 为磁感应密度;S 为线圈围绕的面积;N 为线圈匝数。

旋转式磁电发电机的研究一直是围绕如何提高输出能量开展的。由式(2-1)可以看出,在发电机体积、转速一定的情况下,提高感应电动势有两种途径:① 增大通过线圈的磁感应强度;② 增大线圈围绕的面积。有关旋转式磁电发电机的研究也主要是围绕这两方面开展的。

2.1.2　提高微小型旋转式磁电发电机性能的方法与措施

为提高微小型旋转式磁电发电机输出性能,国内外科研人员提出了以下措施。

(1)采用磁感应密度大的磁体。2008 年,美国佐治亚理工大学的 Florian Herrault 等设计的发电机包括定子线圈和直径 2 mm 的多极永磁体转子。对磁体分别采用 SmCo 与 NdFeB 材料的发电机输出特性进行了对比测试,2 极 NdFeB 发电机比 2 极 SmCo 发电机发电电压高 45%。因此,采用磁感应密度大的磁体可以直接提高磁隙的磁感应密度,进而提升发电电压。钕铁硼磁体有着较强的磁感应密度,且材料分布广泛,成本低。因此,目前磁电式发电机基本上均采用钕铁硼作为磁体提供磁场。

(2)减小转子–定子间气隙。2011 年,北京理工大学的孙韶春等设计了一种三相永磁同步微小型发电机。发电机感应电压与定子–转子间隙呈非线性关系,随着气隙增大,感应电压下降越快。因此,在进行磁电式发电机结构设计时,尽量减小转子–定子气隙以获得最大感应电压。减小气隙有助于增大磁感应密度,进而提升发电电压。

(3)在线圈基底中添加导磁材料。2009 年,美国佐治亚理工大学 Florian Herrault 等在其设计的发电机的定子线圈中增加了导磁材料夹层。

在实验中发电机转子的转速从 0 变化到 2×10^5 r/min,有铁磁夹层材料的发电机比无铁磁夹层材料发电机输出电压提升 50%,功率提升 225%,因而采用在定子线圈中增加导磁材料的方法能有效地提高磁感应密度。

在线圈基底材料中适当添加导磁材料,是提升磁感应密度,提高发电电压的一条有效的技术途径。

（4）多层线圈串联。2007 年，台湾中山大学的 Pan 等采用精密缠绕方法制造发电机的铜线圈，并采用柔软的 PET 基底实现四层微线圈的堆叠。在对发电电压理论分析基础上，分别对 1 层、2 层、3 层及 4 层线圈的发电机性能进行了测试，理论分析与实验结果表明感应电压基本与线圈层数成正比。

（5）减小线圈线宽线距。2007 年台湾中山大学 Pan 等设计的发电机线宽 30 μm，2011 年北京理工大学孙韶春等设计的发电机，2012 年美国 Turabo 大学及密歇根大学 Cordero 等设计的发电机及 2013 年台湾中山大学 Chen 等设计的发电机线宽均为 100 um。随着制造技术的不断进步，线宽线距将进一步减小，以获得尽可能大的线圈围绕的面积及尽可能大的发电电压。

（6）恰当的线圈形式，2013 年，台湾中山大学的 Chen 等对扇形、圆形和方形等不同形式线圈的发电机进行了研究，对这些发电机进行了性能测试。实验数据表明，扇形线圈输出功率最大，其原因是扇形线圈围绕的面积最大。

不同的线圈围绕形式对线圈围绕的面积有着一定的影响，因而采用恰当的线圈围绕形式也可提高发电性能。

综合国内外微小型旋转式磁电发电机的研究情况，表 2-1 列出了 2007 年以来有关盘式磁电发电机领域发表的部分研究成果。

表 2-1　国内外部分盘式磁电发电机结构参数及发电性能

序号	体积/cm³	转速/（×10³ r·min⁻¹）	开路平均电压/V	平均电压/mV/（×10³ r·min⁻¹）	最大功率/W	功率密度/（W·cm⁻³）
1	0.05	2.2	0.111	50	4.1×10^{-4}	0.008
2	0.003	392	0.12	0.3	6.6×10^{-3}	1.95
3	0.087	200	0.464	2.32	1.05	9.5
4	0.077	10	0.009 3	0.926	3.6×10^{-4}	0.004 6
5	1.253	4	3.2	800	5.8	4.629
6	0.761	13.3	0.233	17.49	2.5×10^{-3}	0.003 3

表 2-1 中序号 1 对应 2007 年台湾中山大学 Pan 等设计的发电机；序号 2 对应 2008 年美国佐治亚理工大学 Florian Herrault 等设计的发电机；序号 3 对应 2009 年美国佐治亚理工大学 Florian Herrault 等设计的发电机；序号 4 对应 2011 年北京理工大学孙韶春等设计的发电机；序号 5 对应 2012 年美国 Turabo 大学及密歇

根大学 Cordero1 等设计的发电机；序号 6 对应 2013 年台湾中山大学 Chen 等设计的发电机。

|2.2　微小型盘式磁电发电机性能分析|

为充分利用有限空间，使微小型发电机达到最优的输出性能，需要建立准确的发电机模型，获得发电机输出性能与结构参数之间的关系。本节对线圈性能与线圈参数之间的关系、磁场分布与磁体参数之间的关系进行分析，并结合实验对不同参数下的发电机性能进行对比分析，确定给定条件下发电机设计的最优参数。

2.2.1　微小型盘式磁电发电机结构

微小型盘式磁电发电机核心部件包括三个部分：线圈、磁轭、磁体，如图 2-2 所示。微小型盘式磁电发电机的定子与转子都呈平面圆盘结构，采用轴向气隙磁通。发电机可采用一边磁体、一边线圈的单边结构，如图 2-2（a）所示；也可采用两边磁体、中间线圈的双边结构，如图 2-2（b）所示。单边结构只有一侧有磁体，能够节省空间；双边结构磁体间为静磁场，能够有效避免磁滞损耗，双边结构可以中间线圈为转子或两边磁体为转子。以中间线圈为转子的优点是能够降低启动力矩，其他性能如输出电压、输出功率等在计算时与磁体为转子结构的发电机相同。

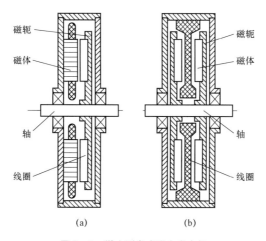

图 2-2　微小型盘式磁电发电机

（a）单边结构；（b）双边结构

以 6 极对微小型盘式磁电发电机结构为例。发电机的线圈为定子，磁轭、磁体为转子。两侧磁轭及磁体间隔一定距离相对放置，定子线圈位于两个磁轭之间，如图 2-3 所示。充磁方向相反的磁铁相邻放置在磁轭中构成静态磁场。当转子磁轭旋转时，旋转磁场切割定子线圈，感应出交变电压。

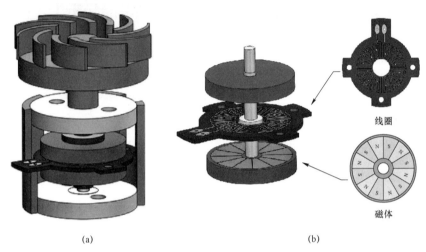

(a)   (b)

图 2-3　6 极对微小型盘式磁电发电机模型

(a) 发电机示意图；(b) 发电机核心部件

线圈参数有线圈外径、内径、线宽、线距以及线圈层数。由微小型盘式磁电发电机发电原理可知，发电机线圈围绕面积与线圈长度对输出性能有影响。发电机线圈围绕面积越大，输出电压越大；线圈长度越长，线圈内阻越大。其中，线圈外径越大、内径越小，发电机线圈围绕面积越大，线圈长度也越长；线圈线宽、线距越小，发电机线圈围绕面积越大，线圈长度也越长。线圈层数的增加可以成倍地提升线圈围绕面积与线圈长度。

磁体参数有磁体外径、内径、厚度、极对数。由微小型盘式磁电发电机发电原理可知，磁隙间磁感应密度大小及单位时间变化的磁通量对输出性能有影响。磁体外径越大、内径越小、厚度越大，其磁隙间磁感应密度越大，但不随着磁体体积增大而无限增大。在磁感应密度相同的情况下，极对数越大，单位时间变化的磁通量越大，输出电压也越大。

磁轭参数有磁轭外径、内径、厚度。磁轭本身不产生磁场，在磁路中起磁力线传输作用，为使磁轭磁通不饱和，需要合理设计其参数。

2.2.2　线圈参数分析

由微小型盘式磁电发电机发电原理可知，发电机线圈围绕面积与线圈长度对输出性能有影响。发电机线圈围绕面积越大，输出电压越大；线圈长度越长，线圈内阻越大。线圈参数包括线圈外径、内径、线宽、线距。为充分利用线圈空间，建立线圈模型如图 2-4 所示，线圈为多层，多层线圈的每层都由正反两面组成。6 对扇形线圈与 6 极对磁体相对应，正、反两面线圈通过每个线圈中间过孔相连，所有线圈串联相连。

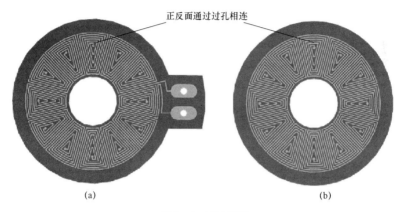

图 2-4　线圈模型

发电机输出电压与线圈围绕面积有关，线圈内阻与线圈长度有关。为计算线圈围绕面积及长度与各个扇形参数之间的关系，建立闭合的扇形线圈模型，如图 2-5 所示。

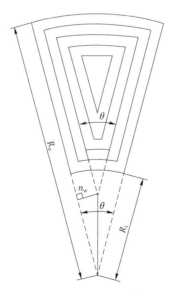

图 2-5　闭合的扇形线圈模型

图 2-5 中，R_o 为线圈外半径，R_i 为线圈内半径，R_{on} 为从外向内第 n 圈线圈外半径，R_{in} 为从外向内第 n 圈线圈内半径，w 为线圈线宽与线距之和。其几何关系如下：

$$R_{on} = R_o - \frac{nw}{\tan(\theta/2)} - nw \qquad (2-2)$$

$$R_{in} = R_i - \frac{nw}{\tan(\theta/2)} + nw \qquad (2-3)$$

（1）线圈长度与线圈尺寸参数之间的关系。L_n 为从外向内第 n 圈线圈长度，可表示为

$$
\begin{aligned}
L_n &= 2(R_{on} - R_{in}) + (R_{on} + R_{in})\theta \\
&= 2\left(\left(R_o - \frac{nw}{\tan(\theta/2)} - nw\right) - \left(R_i - \frac{nw}{\tan(\theta/2)} + nw\right)\right) \\
&\quad + \left(\left(R_o - \frac{nw}{\tan(\theta/2)} - nw\right) + \left(R_i - \frac{nw}{\tan(\theta/2)} + nw\right)\right)\theta
\end{aligned}
\qquad (2-4)
$$

L 为 n 圈线圈总长度，可表示为

$$L = \sum_{0}^{n-1} L_n \qquad (2-5)$$

（2）线圈围绕面积与线圈尺寸参数之间的关系。S_n 为从外向内第 n 圈线圈围绕面积，可表示为

$$
\begin{aligned}
S_n &= \frac{R_{on}^2\theta}{2} - \frac{R_{in}^2\theta}{2} \\
&= \frac{\left(R_o - \frac{nw}{\tan(\theta/2)} - nw\right)^2\theta}{2} - \frac{\left(R_i - \frac{nw}{\tan(\theta/2)} + nw\right)^2\theta}{2}
\end{aligned}
\qquad (2-6)
$$

n 圈线圈围绕总面积 S 可表示为

$$S = \sum_{0}^{n-1} S_n \qquad (2-7)$$

2.2.3 磁感应密度分析

发电机两磁体中间磁隙处为非均匀磁场，理论公式推导无法准确得出磁隙磁感应密度分布，采用 Ansoft Maxwell 三维有限元仿真软件对磁隙处磁感应密度分布进行分析。

在进行磁感应密度仿真分析时，主要的分析工作包括三维建模、仿真处理及仿真结果分析。微小型盘式磁电发电机结构参数见表 2 - 2。

表 2 - 2　微小型盘式磁电发电机结构参数

参数符号	参数	参数值
R_i	磁体内半径	1.3 mm
R_o	磁体外半径	5.1 mm
h_m	磁体厚度	1.2 mm
h_e	磁轭厚度	0.6 mm
h_c	多层线圈厚度	0.3 mm（6 层） 0.6 mm（12 层）
h_δ	气隙厚度	1 mm
p	极对数	6
q	线宽与线距之和	75 μm

1. 三维建模

在 Ansoft Maxwell 三维建模环境下，对应微小型盘式磁电发电机模型，建立与表 2 - 2 中的尺寸一致的 6 极对微小型磁电发电机的磁铁磁轭，如图 2 - 6 所示。

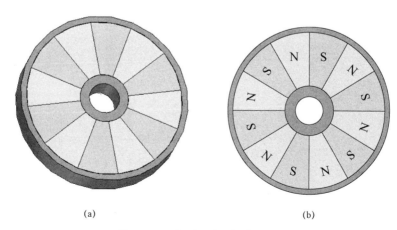

(a)　　　　　　　　　　　　(b)

图 2 - 6　6 极对磁铁磁轭建模

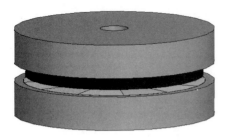

图 2-7　微小型发电机磁体、
磁轭、线圈三维仿真模型

对应微小型盘式磁电发电机模型，将上、下两个磁铁磁轭相对放置，两个磁体中间有磁隙，磁隙处放置线圈，如图 2-7 所示。

2. 仿真处理

设置各模块材料并定义边界、划分网格、进行求解设置和相应的后处理操作，根据仿真结果，得到气隙处磁感应密度分布 B，如图 2-8 所示。其中，磁体材料为钕铁硼 N52，磁轭材料为坡莫合金 1J50，线圈处由于不对磁路产生影响，材料设为空气。磁体结构参数如下：极对数 $p=6$，磁体外半径 $R_o=5.1$ mm，磁体内半径 $R_i=1.3$ mm，单边磁体厚度 $h_m=1.2$ mm，单边磁轭厚度 $h_e=0.6$ mm，磁隙 $h_\delta=1$ mm。

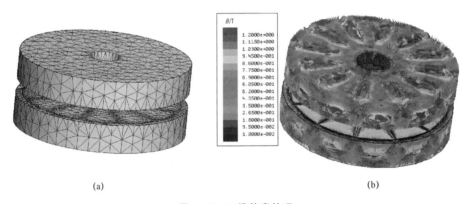

(a)　　　　　　　　　　　　　　　(b)

图 2-8　三维仿真处理
（a）网格划分；（b）磁感应密度分布

3. 仿真结果

采用 Ansoft Maxwell 三维有限元仿真软件进行三维有限元分析，在两磁体相对的中间平面作一个参考面，即线圈中心所在处。并观察其上的磁场分布情况，如图 2-9 所示。由图可见，在各极对磁体中心处磁感应密度最大，周边磁感应强度较小。

由上述结果可得，此三维仿真计算分析可得到模型所在空间任意点磁感应密度分布。

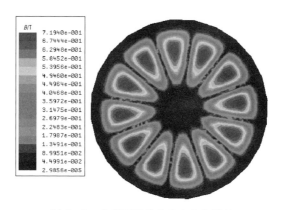

图 2-9 参考面磁感应密度分布情况

2.2.4 有限元二维仿真分析磁感应密度

采用 Ansoft Maxwell 三维仿真软件可以对任意几何结构的系统进行三维电磁特性计算分析,然而其建模分析较为复杂且采用普通计算机运算耗时长。因此,可以将其沿周向展开,构成二维仿真模型,如图 2-10 所示。通过合理选择尺寸参数,二维平面模型可以方便地得出准确的仿真结果。

1. 二维建模

将上、下两个磁铁磁轭相对放置,从侧视方向将圆周展开,磁体排列如图 2-10 所示,并将内、外径平均弧长作为永磁体宽度。磁体结构参数如下:极对数 $p = 6$,磁体外半径 $R_o = 5.1$ mm,磁体内半径 $R_i = 1.3$ mm,磁体宽度 $d = \pi(R_o + R_i)/2p = 1.68$ mm,单边磁体厚度 $h_m = 1.2$ mm,单边磁轭厚度 $h_e = 0.6$ mm,磁隙 $h_\delta = 1$ mm。

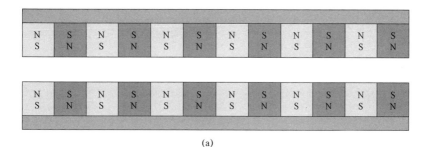

(a)

图 2-10 二维仿真模型示意图

(a) 周向展开示意图

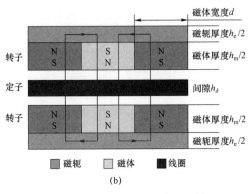

(b)

图 2-10   二维仿真模型示意图（续）

（b）磁体结构参数

2. 仿真处理

设置各模块材料并定义边界、划分网格、进行求解设置和相应的后处理操作，根据仿真结果，得到气隙处磁感应强度分布 B，如图 2-11 所示。极对数 $p=6$，

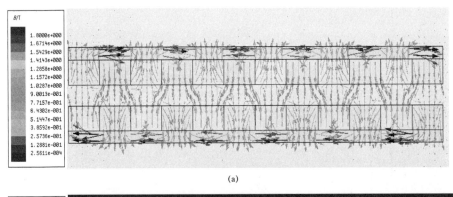

(a)

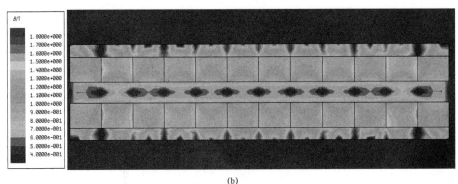

(b)

图 2-11   磁感应强度分布图

（a）二维仿真矢量图；（b）二维仿真等位云图

磁体外半径 R_o = 5.1 mm，磁体内半径 R_i = 1.3 mm，单边磁体厚度 h_m = 1.2 mm，单边磁轭厚度 h_e = 0.6 mm，磁隙 h_δ = 1 mm。

3. 仿真结果

在两个磁体相对的中间平面作一个参考线，即线圈中心所在处，并观察其上的磁场分布情况，如图 2 – 12 所示。图中横坐标为磁隙（距离一边磁体表面的距离），纵坐标为磁感应强度。由图 2 – 12 可见，在各极对磁体靠近磁体表面处磁感应强度最大，两磁体中心处磁感应强度较小。

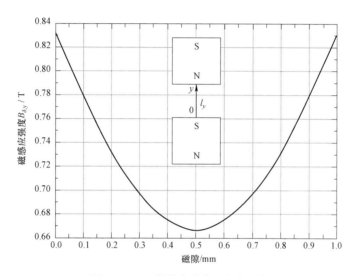

图 2 – 12　二维仿真磁感应密度分布

4. 二维仿真与三维仿真结果对比

采用 Anosft Maxwell 三维仿真软件可以对任意几何结构的系统进行三维电磁特性计算分析，然而其建模分析较为复杂且采用普通计算机运算耗时长。二维模型与三维模型的差异主要存在于二维模型中无法完全展现出发电机的周向尺寸，表现为二维模型中的磁体宽度为扇形磁体内外弧长的均值。如果通过合理选择尺寸参数使二维平面模型得到与三维仿真相似的结果，可以采用二维仿真替代三维仿真，简化仿真流程、减少计算机数据量、节省仿真时间。

通过仿真可以证明，这种近似是合理的：三维模型中磁场在磁体平均半径处的轴向分量可以近似代表磁场的均值。为验证这一点，在三维模型的磁体表面放置采样线 $r_1 \sim r_5$，相邻采样线间夹角 θ = 5°，导出采样线上磁感应强度的轴

向分量 $B_{\delta 3}(r)$，如图 2 – 13（b）所示。由于磁场分布的周期性，一个扇形区域的磁感应密度分布可以表示整个磁体平面的磁感应密度分布，如图 2 – 13（a）所示。在距离磁体表面 L_1 分别为 0、0.1 mm、0.2 mm、0.3 mm、0.4 mm 和 0.5 mm 的平面上放置采样线。取采样线上 r 为平均半径（$R_o + R_i$）/2 时的值 $B_{\delta 3}$ 与二维仿真结果 $B_{\delta 2}$ 作对比，如果两者相近，则说明采用三维模型中磁场在磁体平均半径处的轴向分量可以近似代表磁场的均值。三维仿真与二维仿真结果对比如表 2 – 3 所示。

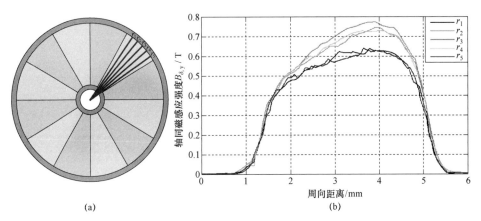

(a)   (b)

图 2 – 13　发电机三维磁场仿真（彩图见附录）

（a）磁体表面采样线；（b）采样线上磁感应密度分布

表 2 – 3　三维仿真与二维仿真结果对比

L_1/mm	类别	r_1	r_2	r_3	r_4	r_5
0	三维 $B_{\delta 3}$ /T	0.903	0.842	0.828	0.829	0.932
	二维 $B_{\delta 2}$ /T	0.779	0.828	0.846	0.830	0.778
	二维误差/%	− 13.7	− 1.64	2.15	0.09	− 16.5
0.1	三维 $B_{\delta 3}$ /T	0.616	0.708	0.754	0.722	0.604
	二维 $B_{\delta 2}$ /T	0.545	0.716	0.762	0.718	0.543
	二维误差/%	− 11.5	1.07	1.04	− 0.66	− 10.2
0.2	三维 $B_{\delta 3}$ /T	0.449	0.644	0.692	0.648	0.438
	二维 $B_{\delta 2}$ /T	0.435	0.650	0.714	0.653	0.432
	二维误差/%	− 3.06	1.00	3.27	0.78	− 1.44

续表

L_1/mm	类别	r_1	r_2	r_3	r_4	r_5
0.3	三维 $B_{\delta3}$/T	0.445	0.639	0.698	0.643	0.437
	二维 $B_{\delta2}$/T	0.436	0.651	0.714	0.653	0.434
	二维误差/%	−2.59	1.65	2.19	1.27	−1.10
0.4	三维 $B_{\delta3}$/T	0.602	0.723	0.757	0.726	0.617
	二维 $B_{\delta2}$/T	0.545	0.715	0.762	0.717	0.542
	二维误差/%	−10.22	−0.68	0.65	−1.14	−12.35
0.5	三维 $B_{\delta3}$/T	0.871	0.839	0.829	0.836	0.891
	二维 $B_{\delta2}$/T	0.778	0.827	0.856	0.829	0.781
	二维误差/%	−10.65	−1.45	1.96	−0.78	−12.14

　　由表 2－3 可见,二维仿真的 $B_{\delta2}$ 与三维仿真的 $B_{\delta3}$ 相近似,误差约 3%～13%,而且与磁体相距越远误差越小、靠近扇形边缘处误差相对较大。初步来看,在 6 对磁极的微小型盘式磁电发电机的磁路分析中,用二维模型代替三维模型进行分析是可行的,并可在实验中验证。

2.2.5　实验验证

　　为验证上述仿真计算的可行性,按照仿真结构尺寸加工装配发电机样机,并对其进行测试。若测试结果与理论模型一致性较好,则采用此理论模型进行计算是合理的。

　　制作装配发电机样机,使与有限元仿真中所采用模型参数一致,如图 2－14 所示。

　　测试装置如图 2－15 所示。由压缩机向风洞装置提供风能,发电机涡轮在风洞装置中,受到风吹而转动。示波器探头测试发电机输出,其输出电压波形为正弦波,如图 2－16 所示。

图 2－14　发电机样机

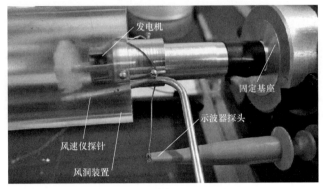

(a)

(b)

图 2-15 发电机性能测试装置

（a）测试装置；（b）压缩机

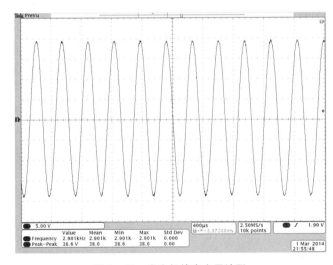

图 2-16 发电机输出电压波形

由公式可得到线圈围绕总面积与线圈尺寸参数关系，由有限元仿真得到磁感应强度分布 B，即各层线圈所在处的磁感应强度。发电机转动时，每层线圈输出电压为

$$U(t) = -\frac{\mathrm{d}\phi(t)}{\mathrm{d}t} = -S\frac{\mathrm{d}B(t)}{\mathrm{d}t} = -p\Omega SB\cos(p\Omega t) \qquad (2-8)$$

式中：p 为极对数；Ω 为发电机转速；S 为线圈围绕面积。最后将各层发电电压进行相加得到发电机开路输出电压。

在磁隙中放置 6 层线圈，每层线圈厚度 0.05 mm，对应 L_1 坐标分别为 0.375 mm、0.425 mm、0.475 mm、0.525 mm、0.575 mm、0.625 mm；由图 2−12 得出各线圈对应位置的磁感应强度分量 B_δ 分别为 0.718 mm、0.712 mm、0.708 mm、0.709 mm、0.713 mm、0.719 mm，求和得 $\sum B_\delta = 4.279$ T。在磁隙中放置 12 层线圈串联，每层线圈厚度 0.05 mm，对应 L_1 坐标分别为 0.225 mm、0.275 mm、0.325 mm、0.375 mm、0.425 mm、0.475 mm、0.525 mm、0.575 mm、0.625 mm、0.675 mm、0.725 mm、0.775 mm；由图 2−12 得出各线圈对应位置的分量 $B_{\delta 1}$（$B_{c.\max}$）分别为 0.722 mm、0.705 mm、0.690 mm、0.679 mm、0.672 mm、0.667 mm、0.667 mm、0.672 mm、0.679 mm、0.691 mm、0.705 mm、0.722 mm，求和得 $\sum B_\delta = 8.271$ T。

计算在不同转速情况下发电机输出电压的理论幅值，并测试发电机的实际输出电压幅值，将理论数据和测试数据对比，如表 2−4 所示。

表 2−4　理论数据与测试数据误差

线圈层数	发电机转速 $R / (\times 10^3/\mathrm{min}^{-1})$	测试幅值/V	理论幅值/V	误差/%
6	11.22	3.84	4.05	− 5.29
	20.28	7.28	7.33	− 0.66
	20.42	7.52	7.38	1.90
	21.76	7.48	7.86	− 4.87
	23.95	8.08	8.65	− 6.63
12	11.34	7.8	7.92	− 1.52
	12.97	9	9.06	− 0.65
	13.78	9.4	9.62	− 2.33
	15.65	10.8	10.93	− 1.20
	16.29	11.4	11.38	0.20

6 层线圈的误差在 7%以内，12 层线圈的误差在 3%以内。在磁隙固定为 1 mm 的情况下，6 层线圈的定位精度比 12 层线圈有所下降，这可能是造成 6 层线圈误差比 12 层线圈更大的原因。综合实验结果可见，理论数据与实测数据吻合度较高，说明在微小型盘式磁电发电机的磁路分析中采用二维模型仿真能够较为准确地计算磁隙间有效磁感应强度。

2.3　微小型盘式磁电发电机性能优化

由上述分析得到能够准确计算发电机输出性能的发电机模型。通过研究发电机输出随各参数的变化规律可以得到各参数的优化范围。

2.3.1　线圈尺寸参数优化取值范围

线圈围绕面积及长度对输出性能有影响，下面将分别介绍输出性能随线圈参数的变化规律。

1. 线圈围绕面积随尺寸参数变化规律

由磁电式发电机原理可得，在磁体和线圈材料以及外形结构尺寸不改变情况下，线圈围绕面积 S 与磁通量的变化率 dB/dt 的乘积 $S \cdot dB/dt$ 最大可使输出电压最大。而 dB/dt 与极对数 p 成正比，故考察 $S \cdot p$ 可得输出电压与极对数间的关系。设线圈内半径 $R_i = 1 \sim 4$ mm，外半径 R_o 与内半径 R_i 比值 $m = R_o/R_i = 1.5 \sim 10$，对比选取不同极对数时线圈包围面积及极对数乘积 $S \cdot p$ 的大小。对于内半径 $R_i = 2$ mm、四种不同 m 值的情况，线圈围绕面积 S 与极对数 p 乘积 $S \cdot p$ 随极对数 p 的变化曲线如图 2 - 17 所示。

由图 2 - 17 可得如下两点结论。

（1）对应于横坐标相同的曲线，当 R_i 不变时，R_o/R_i 越大，$S \cdot dB/dt$ 随极对数 p 增大而增大，而且增长速度趋缓。因此，在绕圈内半径相同情况，满足给定条件时，应使线圈外半径尽量大以增大线圈围绕面积。

（2）对应于每一条曲线，线圈内半外径相同时，极对数越大，线圈围绕面积越大。然而，在实际加工中，磁体的边缘受到切割影响，其性能会减弱。极对数的增大使磁体的"失磁"区域增大，因而不能过大。

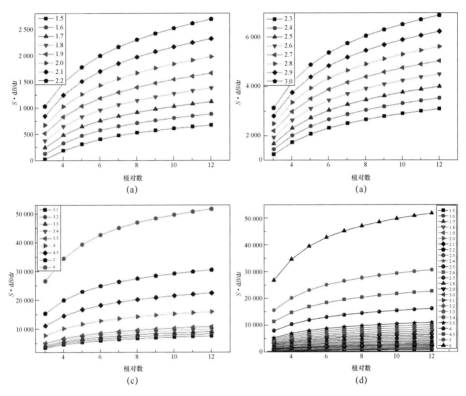

图 2 - 17 S · p 随极对数 p 的变化曲线

（a）m = 1.5～2.2；（b）m = 2.3～3.0；（c）m = 3.1～6；（d）m = 1.5～6

因此，在进行线圈设计时，需要尽量选取最大的线圈外半径 R_o 及最小的线圈内半径 R_i，以获得大的 R_o/R_i。由于尺寸限制，R_o 不能过大，为保证中间轴的强度，R_i 需要留出一定的空间，但不能过小。根据 R_o/R_i 取合适的极对数，R_o/R_i 越大，$S · dB/dt$ 随极对数增大而增大，而且增长速度趋缓。一方面，极对数越大，线圈围绕面积越大；另一方面，极对数增大使每极磁体体积减小，反而影响了发电机的性能，因而极对数不能过大，否则磁体性能的减弱也会引起输出性能的降低。

2. 线圈长度随尺寸参数变化规律

线圈长度对线圈内阻有影响，进而影响输出功率。对于确定的线圈内阻，负载匹配时输出功率最大，为 $U^2/(4R)$，其中，U 为输出电压，R 为线圈内阻，因此发电机输出功率与线圈内阻成反比。减小线圈内阻有利于增大输出功率，提高带负载的能力。

线圈内阻的计算公式为

$$R = \rho \frac{L}{A} \qquad (2-9)$$

式中：R 为线圈内阻；ρ 为电阻率；L 为线圈绕线长度；A 为绕线横截面积。

由式（2-9）可得，在磁体和线圈材料以及外形结构尺寸不改变情况下，线圈内阻与其长度成正比；因此，求得线圈总长度随极对数的变化规律即可得到线圈内阻随极对数的变化规律。

对于线圈内半径 $R_i = 2$ mm 三种 m 值的情况，线圈围绕总长度随极对数 p 变化曲线如图 2-18 所示。

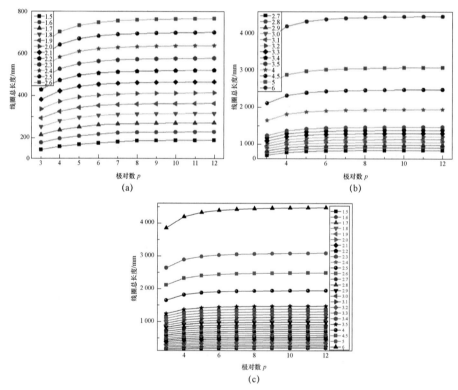

图 2-18　线圈围绕总长度随极对数 p 变化曲线

（a）$m = 1.5 \sim 2.6$；（b）$m = 2.7 \sim 6$；（c）$m = 1.5 \sim 6$

线圈总长度总是随着极对数的增加而增大，而且增长趋势趋缓。这是由于极对数的增大使单个扇形的夹角减小，进而使单个扇形的边线长度减小；而增加的极对数使总长度有所增加。由此可见，采取少的极对数有利于降低线圈内阻。

极对数越多，一方面使线圈围绕面积越大；另一方面，会使每极磁体体积减小，性能减弱，同时线圈内阻增大。因此，选择极对数没有绝对的选择区间，应根据需求参数合理地进行选择。

2.3.2 磁体尺寸参数优化取值范围

由于研究磁路的具体结构参数大小所得出的结论缺乏普遍适用性，因而研究各参数间的比例关系对微小型盘式磁电发电机磁路设计具有普遍指导意义。仍选择钕铁硼 N52 作为永磁体，坡莫合金 1J50 为磁轭，利用有限元法进行仿真分析。为对磁路的结构尺寸进行完整的分析，提出磁体厚度 h_m 与磁隙的比例为轴向比例 k_1；二维仿真中磁体宽度 d 与磁隙的比例为周向比例 k_2，并将轴向比例 k_1 和周向比例 k_2 作为研究对象。

1. 发电机轴向尺寸

分析轴向比例 $k_1 = h_m/h_\delta$ 对磁场磁感应强度轴向有效分量 B_δ 的影响，其中 h_m 为磁体厚度，h_δ 为磁隙厚度，如图 2-19（a）所示。固定磁隙厚度 h_δ 和磁体宽度 d 分别为 1 mm 和 1.5 mm，$k_2 = 1.5$。取 k_1 为 1、1.2、1.4、1.6、1.8、2、2.4、3，并绘制出不同 k_1 取值情况下磁体中线上的磁感应强度 B_δ 值，如图 2-19（b）所示。由图 2-19（b）可以看出，不同的 k_1 下 B_δ 的变化规律相似，随着 k_1 的增大，B_δ 随 k_1 增大而增加的幅度逐步减小；当 $k_1 > 1.4$ 后，磁感应强度 B_δ 随 k_1 增大而增强的幅度变缓；为同时满足有 $B_{\delta 1}$ 较大与节省空间的要求，k_1 取 1.4～2，比 $k_1 = 1$ 提高 10%～12%。

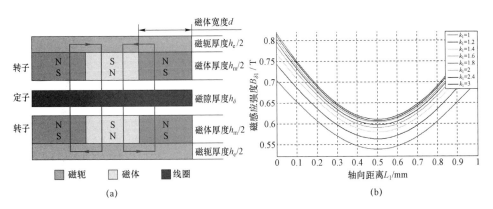

图 2-19 轴向比例 $k_1 = h_m/h_\delta$ 对磁场磁感应强度轴向有效分量 B_δ 的影响（彩图见附录）

（a）模型参数；（b）不同 k_1 取值，磁体中线上的磁场磁感应强度轴向有效分量 B_δ

2. 发电机周向尺寸

分析周向比例 $k_2 = d/h_\delta$ 对磁场磁感应强度轴向有效分量 B_δ 的影响，固定磁隙厚度 h_δ，取磁体厚度 h_m 分别为 1 mm 和 2 mm，$k_1 = 2$。取 k_2 为 0.5、0.75、1、1.25、1.5、1.75、2，并绘制出不同 k_2 取值情况下磁体中线上的感应强度 B_δ 值，如图 2-20 所示。由图中曲线可知，k_2 越大，磁隙处漏磁越少，磁隙间越接近匀强磁场；而且随着 k_2 的增大，$B_{\delta 1}$ 增大而增大幅度逐步减小，故 k_2 取值在 1.25～2 较为合理。

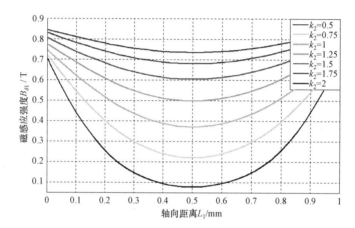

图 2-20 不同 k_2 取值，磁体中线上的磁感应强度轴向分量 $B_{\delta 1}$（彩图见附录）

3. 发电机磁轭厚度

为确保磁轭不饱和，需要限制磁轭厚度 h_e。设计发电机时，一般使磁轭工作在磁化曲线开始弯曲的膝点处，设膝点处的磁感应强度为 B_x。从平均磁通的设计角度入手，有

$$\begin{cases} \Phi_\delta = B_\delta A_m \\ \Phi_e = B_e A_e \approx 0.5\Phi_\delta \end{cases} \quad (2-10)$$

$$B_e = \frac{0.5\Phi_\delta}{A_e} \approx B_x \quad (2-11)$$

式中：Φ_δ 为扇形磁体对应磁隙的磁通；B_δ 为磁隙处磁感应强度；A_m 为永磁体截面面积；Φ_e 为磁轭径向截面的磁通；A_e 为磁轭径向截面积，可表示为

$$A_e = h_e(R_o - R_i) \quad (2-12)$$

式中：R_o 为永磁体外半径；R_i 为永磁体内半径。

由式（2-12）可得到 h_e 的值：

$$h_e \approx \frac{0.5\Phi_\delta}{B_x(R_o - R_i)} = \frac{\pi(R_o + R_i)B_\delta}{4pB_x} \qquad (2-13)$$

通过实验和仿真发现，磁轭厚度在式（2-13）的计算值上、下进行适当调整对磁路影响不大。

2.4　微小型盘式磁电发电机设计

微小型盘式磁电发电机在应用中需根据设计指标要求进行设计。本节在上述发电机优化设计方法基础上，总结归纳了发电机设计的通用设计流程。结合某实际应用的需求，介绍了盘式磁电发电机小型化的方法，并以大功率发电机为例详述了发电机优化过程。

2.4.1　发电机的设计流程

在 2.3 节讨论了发电机线圈围绕面积、线圈长度随线圈尺寸的变化情况，以及磁体轴向尺寸、周向尺寸及磁轭厚度的优化选值。除此之外，为使发电机达到最优的输出性能，还需考虑磁体间的磁隙、线圈绕线的线宽和线距。多层线圈可以成倍地提升发电机线圈围绕面积，但线圈层数增加将导致磁隙厚度增加。在磁体尺寸参数不变情况下，磁隙越大，两个磁体中间处磁感应密度越小，因而线圈层数与磁隙需要综合考虑。线圈的线宽、线距对发电机的性能有很大影响，线宽增加，线圈缠绕圈数减少，相同外形尺寸条件下，输出电压减少，但会使线圈内阻降低，输出电流增加。

基于上述的分析，微小型盘式磁电发电机的设计流程如图 2-21 所示，具体设计步骤如下。

（1）确定线圈外半径 R_o、内半径 R_i。根据尺寸要求，在满足零件可靠装配及其他要求的前提下，线圈外半径 R_o 应尽可能大，而线圈内半径 R_i 尽可能小，这样有利于最大化线圈围绕面积，进而最大化发电性能。

（2）计算线圈围绕面积 S、线圈长度 L。由线圈外半径 R_o、内半径 R_i 以及初步假设的线宽与线距之和 w，根据 2.2 节介绍的方法，可得到线圈围绕面积 S、线圈长度 L。

（3）确定气隙厚度 δ。建立多组模型，使其具有不同的线圈层数 n 和极对数 p，分别计算各模型发电性能，进而确定较优的模型参数。气隙厚度 δ 为线圈厚度与空气隙之和。根据经验值，单层线圈厚度约为 0.07 mm，空气厚度约为 0.3 mm，在线圈层数 n 确定后，气隙厚度 δ 的估值为 $0.07n$ mm $+ 0.3$ mm。

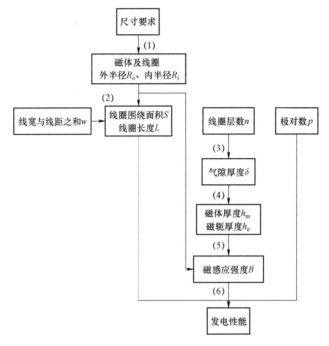

图 2-21 发电机设计流程

（4）确定磁体厚度 h_m、磁轭厚度 h_e。由气隙厚度 δ，根据 2.3 节介绍方法，可初步确定磁体厚度 h_m、磁轭厚度 h_e。

（5）仿真分析气隙处磁感应密度。由上述线圈外半径 R_o、内半径 R_i、磁体厚度 h_m、磁轭厚度 h_e 的几何参数，按照 2.2 节的方法进行仿真，得到气隙处磁感应密度分布 B。

（6）计算发电性能。由线圈围绕面积 S、线圈长度 L、气隙处磁感应密度 B 以及极对数 p，根据式（2-1）可得到各模型的输出电压及功率。

对比各模型的输出性能，得出较优的发电机参数范围。在该范围内建立多组参数较精确的模型，重复步骤（3）～（6）。此时，可建立不同线宽与线距之和的模型，进一步确定最优模型。最终，根据所有模型的输出性能，确定各参数最优值。

2.4.2 微小型发电机结构设计

不同引信对电源的要求不尽相同，因此对发电机的要求也各异。有的引信要求发电机能够持续输出较大功率,以满足引信电路工作需要;有的引信则仅要求其能满足电雷管发火需求。后者在子弹引信智能化改造中较为常见,由于受到空间的限制,小体积是对发电机一个重要和基本的要求。以某引信为例,对发电机的要求为:发电机体积不大于 1 cm³(不包括驱动装置,如涡轮);环境风速 30~50 m/s,输出电压有效值不小于 5 V。在上述微小型盘式磁电发电机性能分析中,表 2-2 参数模型的输出性能满足雷管发火要求,发电机模型如图 2-3 所示。但是,该发电机的壳体体积为 2.61 cm³,不满足要求,需要进一步小型化。

为使发电机进一步小型化,并使其具有更低的启动力矩,可从结构上对其进行优化。由图 2-3 可见,发电机核心部件为磁体与线圈。发电机外壳起支撑作用,对发电机的输出性能没有影响,因此可通过简化外壳进一步减小发电机的体积。另外,图 2-3 发电机模型采用磁体作为转子、线圈作为定子,磁体比线圈的质量大,需要的启动力矩较大。若采用线圈作为转子、磁体作为定子,可减小转子的启动力矩。

外壳起支撑作用,对发电机的输出性能没有影响,因此可以简化外壳结构,直接用磁轭、磁体及垫圈支撑发电机结构,如图 2-22 所示。发电机外壳简化后的发电机径向、轴向尺寸都比原发电机小,尤其是轴向尺寸有较大的减小,而由于其核心部件磁体、线圈的尺寸没有改变,发电性能保持不变。

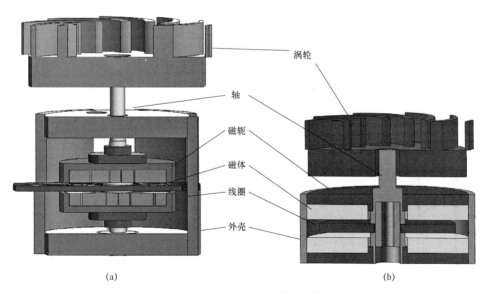

(a)   (b)

图 2-22 发电机外壳简化结构

(a)简化前;(b)简化后

在原设计中，涡轮带动轴旋转，轴与磁体固定，即磁体为转子，线圈与外壳固定作为定子，如图 2-22 所示。发电机外壳简化后，磁体与外壳固定作为定子，即发电机线圈作为转子。此时，需要从旋转的线圈输出电能。原有线圈引出线已不再适用，否则引出线会随线圈旋转而旋转。设计电刷结构，使线圈输出电能分别从上旋转轴与下旋转轴引出，并通过电刷输出。

除了发电机外壳进行简化设计外，转轴也可进一步优化来减小发电机体积。轴从一体式台阶轴结构，变为由上连接轴、中连接轴、下连接轴组成的分体结构，如图 2-23 所示。

与分体式轴相配合，线圈由定子变为转子，结构如图 2-24 所示。

经过简化外壳与优化轴结构，发电机的体积有效减小。在发电性能不变的情况下，体积从原先的 2.61 cm³ 减小到 0.83 cm³，如图 2-25 所示。

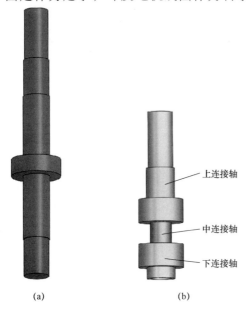

(a)   (b)

图 2-23 轴优化结构

（a）一体式轴结构；（b）分体式轴结构

上连接轴

中连接轴

下连接轴

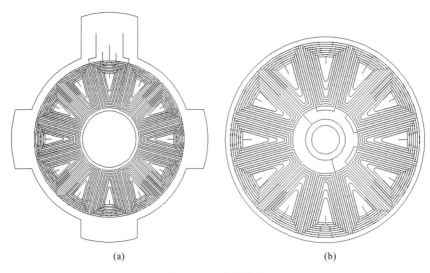

(a)   (b)

图 2-24 线圈结构

（b）定子线圈；（b）转子线圈

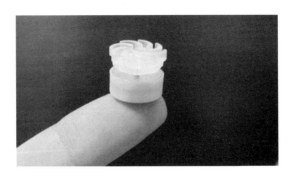

图 2-25　结构简化后的发电机

2.4.3　大功率微小型盘式磁电发电机设计

在某些引信中，要求发电机能够持续输出足够功率。下面以一个大功率发电机设计实例阐述发电机的设计过程。此发电机对体积要求不严格，要求其输出功率大，发电机内阻小。这里所说的大功率是相对某些只需要为一个电雷管提供几十毫瓦的发电机而言。

1. 设计指标

发电机技术指标如下：当其转速 20（×10^3/min）时，输出电压峰－峰值达到 40 V，即电压峰－峰值/转速为 2 V/（×10^3/min^{-1}），最大输出功率为 2 W；结构尺寸：线圈外半径小于 20 mm，发电机高度小于 15 mm。

2. 建立发电机模型

为了满足大功率输出的要求，在满足结构尺寸要求的前提下，应使线圈外半径尽量大、内半径尽量小。初步拟定发电机线圈外半径 20 mm，内半径 6 mm，磁轭厚度 1 mm，建立了 13 种模型，见表 2-5。

表 2-5　发电机模型参数

模型	磁体厚度 h_m/mm	极对数 p	气隙厚度 δ/mm	线圈层数 n
1	4	3	1	8
2	5	3	1	8
3	5	3	0.6	4
4	5	6	1	8
5	5	6	0.6	4

续表

模型	磁体厚度 h_m / mm	极对数 p	气隙厚度 δ/mm	线圈层数 n
6	5	9	1	8
7	5	9	0.6	4
8	5	12	1	8
9	5	12	0.6	4
10	5	10	1	8
11	5	10	0.6	4
12	6	10	1	8
13	6	10	0.6	4

以模型 1 为例（磁体厚度 4 mm，3 极对，气隙厚度 1 mm，8 层线圈），按照 2.2 节介绍的仿真计算方法，计算模型 1 的输出性能，如表 2－6 所列（铜的电阻率为 0.017 5 Ω·mm²/m）。表 2－6 中负载功率为负载电阻与线圈内阻相同时发电机的输出功率。

表 2－6 模型 1 的输出性能

线宽与线距之和/mil	单片线圈围绕面积/mm²	单片线圈线长/mm	内阻/Ω	电压峰－峰值/V（ 20 ×10³/min)	输出功率/W
4	2 380.48	2411.017 079	166.113 381 4	108.388 274 1	2.210 090 23
5	1 928.659	1945.613 663	107.238 548 4	87.815 911 24	2.247 219 628
6	1 627.563	1635.344 72	75.114 258 7 7	74.106 375 44	2.284 750 496
7	1 412.596	1413.724 045	55.658 426 98	64.318 474 63	2.322 686 339
8	1 251.46	1247.508 54	42.975 195 75	56.981 612 76	2.361 030 687
9	1 126.211	1118.229 813	34.241 507 83	51.278 761 68	2.399 784 25
10	1 026.083	1014.806 832	27.967 117 41	46.719 722 7	2.438 949 615
11	944.2254	930.188 028 8	23.304 639 23	42.992 573 56	2.478 531 959
12	876.0697	859.672 359 8	19.743 131 62	39.889 300 81	2.518 528 261
13	818.454 253 9	800.005 255 2	16.959 529 94	37.265 948 06	2.558 942 687
14	769.120 451 3	748.862 022 6	14.741 378 4	35.019 676	2.599 777 462
15	726.411 963 2	704.537 887 8	12.944 265 66	33.075 068 47	2.641 034 704

续表

线宽与线距之和/mil	单片线圈围绕面积/mm²	单片线圈线长/mm	内阻/Ω	电压峰–峰值/V（20 ×10³/min）	输出功率/W
16	689.086 543 1	665.754 269 8	11.467 224 14	31.375 563 39	2.682 716 534
17	656.194 237 8	631.533 430 4	10.237 920 36	29.877 907 37	2.724 825 076
18	626.996 194 9	601.114 906 5	9.203 421 578	28.548 458 9	2.767 362 451
19	600.909 109 7	573.898 332 5	8.324 260 935	27.360 658 91	2.810 330 78
20	577.466 338 7	549.403 415 9	7.570 519 51	26.293 260 11	2.853 732 188

3. 模型对比

对于参考模型 1，得出其余各模型输出性能，并进行对比。

（1）电压峰–峰值/转速对比：

模型 2、4、6、8、10 均采用了气隙厚度 1 mm，8 层线圈结构，其唯一差别在于极对数，其峰–峰值/转速随线宽与线距之和的变化曲线如图 2–26（a）所示。

模型 3、5、7、9、11 均采用了气隙厚度 0.6 mm，4 层线圈结构，其差别也在于极对数，其电压峰–峰值/转速随线宽与线距之和的变化曲线如图 2–26（b）所示。

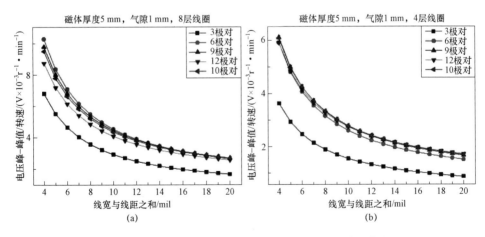

图 2–26　电压峰–峰值/转速随线宽与线距之和的变化曲线

（a）8 层线圈；（b）4 层线圈

（2）负载功率对比

模型 2、4、6、8、10 均采用了气隙厚度 1 mm，8 层线圈结构，其唯一差别在于极对数，其功率随线宽与线距之和的变化曲线如图 2-27（a）所示。

模型 3、5、7、9、11 均采用了气隙厚度 0.6 mm，4 层线圈结构，其差别也在于极对数，其功率随线宽与线距之和的变化曲线如图 2-27（b）所示。

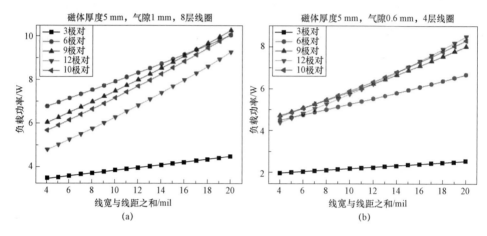

图 2-27　功率随线宽与线距之和的变化曲线
（a）8 层线圈；（b）4 层线圈

由图 2-26 和图 2-27 可知，上述各个模型体现出相同的规律，对于同一条曲线，即对于磁体结构相同的模型，线宽与线距之和的增加导致线圈围绕面积下降，进而造成电压峰-峰值/发电机转速下降；同时，线宽与线距之和的增加导致线圈缠绕长度减小，即内阻减小。功率匹配时，输出功率为 $U^2/4R$，不能确定其随线宽与线距之和的变化趋势。在设计时要进行综合考虑，根据具体的要求（输出电流与输出电压）确定线宽与线距之和的选取。

在本设计中，得出如下结论：

（1）8 层线圈的电压峰-峰值/转速随着极对数增大，并呈现出先上升后下降的特性；最大值应出现在 6～9 极对时。

（2）4 层线圈的电压峰-峰值/转速随着极对数增大而上升。

（3）8 层线圈的功率随着极对数增大，并呈现出先上升后下降的特性；最大值应出现在 6～9 极对。

（4）4 层线圈的功率随着极对数增大而上升。

4. 发电机优化方案

综合上述电压峰-峰值/转速与负载功率情况，建立 7 极对和 8 极对模型，如表 2-7 所列。

表 2-7　7 极对和 8 极对模型

磁体厚度 h/mm	极对数 p	气隙厚度 δ/mm	线圈层数 n
5	8	1	8
5	8	0.6	4
5	7	1	8
5	7	0.6	4

　　将 7 极对模型和 8 极对模型与表 2-2 所述模型进行对比,线圈内阻、电压峰-峰值/发电机转速、负载功率情况分别如图 2-28~图 2-30 所示。

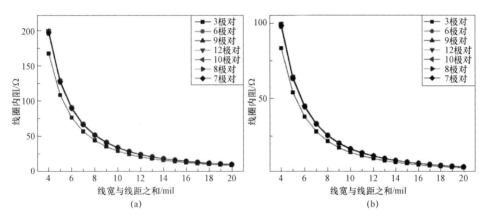

图 2-28　线圈内阻随线宽与线距之和的变化
(a) 8 层线圈; (b) 4 层线圈

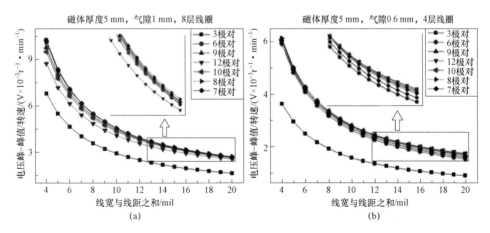

图 2-29　电压峰-峰值/发电机转速随线宽与线距之和的变化曲线
(a) 8 层线圈; (b) 4 层线圈

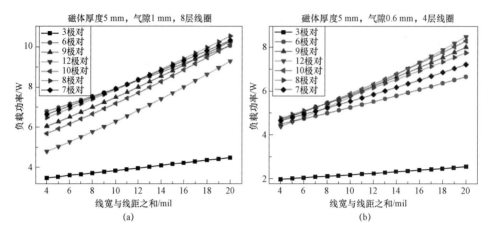

图 2 - 30　负载功率随线宽与线距之和的变化曲线

（a）8 层线圈；（b）4 层线圈

　　由内阻对比图可见，线圈层数相同情况下，线圈内阻随线圈与线距之和的变化基本一致，而且不同极对数的线圈内阻差别不大。

　　本设计中，希望线圈内阻尽量小，故选择线宽与线距之和为 20 mil，并将不同极对数的发电机性能进行比较，如表 2 - 8 所列。

表 2 - 8　发电机性能对比

发电机性能	8 层线圈	4 层线圈
电压峰 – 峰值/性能转速	8＞9＞7＞10＞6＞12＞3	12＞10＞9＞8＞7＞6＞3
负载功率	8＞7＞9＞10＞6＞12＞3	12＞10＞9＞8＞7＞6＞3

　　由表 2 - 8 可知，7～9 极对模型较为合理，参考具体参数性能，选用 8 极对模型。8 极对模型 8 层线圈输出性能如表 2 - 9 所列。

表 2 - 9　8 极对模型发电机输出性能

线宽与线距之和/mil	单片线圈围绕面积/mm²	单片线圈线长/mm	线圈内阻/Ω	电压峰 – 峰值/V（ 20 ×10³/min ）	功率/W
4	1 663.784 006	2858.685 412	196.956 672 1	201.951 673	6.471 042 235
5	1 358.417 306	2303.497 839	126.964 447 8	164.885 974 7	6.691 682 47
6	1 154.997 627	1933.372 79	88.803 212 14	140.194 702 1	6.916 470 841
7	1 009.833 389	1668.997 755	65.708 573 03	122.574 529 8	7.145 431 459

续表

线宽与线距之和/mil	单片线圈围绕面积/mm²	单片线圈线长/mm	内阻/Ω	电压峰－峰值/V（20 ×10³/min）	功率/W
8	901.078 801 1	1470.716 479	50.664 445 62	109.373 795 3	7.378 588 521
9	816.597 313 8	1316.497 708	40.312 703 23	99.119 352 68	7.615 966 312
10	749.106 996 9	1193.122 692	32.881 334 03	90.927 314 31	7.857 589 198
11	693.973 894 6	1092.179 497	27.363 122 68	84.235 206 32	8.103 481 626
12	648.108 703 4	1008.060 167	23.150 988 1	78.668 046 12	8.353 668 118
13	609.372 674 5	936.882 273 3	19.861 223 24	73.966 230 37	8.608 173 271
14	576.238 130 3	875.872 649 9	17.241 587 6	69.944 328 12	8.867 021 756
15	547.584 773 8	822.997 642 9	15.120 691 6	66.466 356 68	9.130 238 31
16	522.572 382 4	776.732 011 7	13.378 750 2	63.430 329	9.397 847 739
17	500.558 432 9	735.909 396	11.929 980 95	60.758 255 02	9.669 874 915
18	481.043 184 8	699.622 626 5	10.711 632 51	58.389 475 79	9.946 344 771
19	463.632 106 4	667.155 517	9.676 934 56	56.276 102 67	10.227 282 3
20	448.009 572 3	637.935 118 4	8.790 444 544	54.379 824 73	10.512 712 56

表 2－9 表明，8 极对模型的输出电压及输出功率均满足设计指标。需要说明的是，模型中内阻计算采用了线宽与线距和作为线宽。表 2－9 中负载功率为负载电阻与发电机内阻相同时发电机的输出功率。

5. 发电机测试

根据上述优化方案，建立 8 极对发电机结构：外径 20 mm，内径 6 mm，磁体厚度为 3 mm，磁轭厚度 1 mm，线圈为 8 层，线宽 17 mil，线距 5 mil。计算得出单片线圈围绕面积为 448.009 6 mm²，单片线圈线长 637.935 1 mm，8 层线圈内阻 7.47 Ω，电压峰－峰值/发电机转速为 2.095 26 mV/（r/min）。

采用 2.2.5 节所示装置进行测试，发电机输出电压峰－峰值/转速平均值为 2 mV/（r/min），与理论误差为 4.5%，再次验证了理论模型的准确性。测试数据见表 2－10。

表 2 – 10　功率发电机测试数据

发电机转速/ (r · min^{-1})	输出电压峰−峰值/V	电压峰−峰值/发电机 转速/ (V · r/min^{-1})	电压峰−峰值/转速平 均值/ (mV · r/min^{-1})
2640.85	5.36	0.002 029 653	
2697.84	5.44	0.002 016 427	
8620.69	17.44	0.002 023 04	
9615.38	19.20	0.001 996 8	
7281.55	14.60	0.002 005 067	2.000 88
9036.14	17.92	0.001 983 147	
6521.74	13.04	0.001 999 467	
5395.68	10.64	0.001 971 947	
7009.35	13.92	0.001 985 92	
4285.71	8.56	0.001 997 333	

与传统发电机相比较，所设计的发电机在输出电压相同的情况下，发电机体积减少 1/3，发电机线圈内阻为传统发电机的 1/3。

2.4.4　线圈基板增加导磁材料发电性能研究

根据电磁感应定律，提高发电机输出电压有三种途径：① 增强线圈所在处的磁感应强度；② 增大线圈围绕面积；③ 增大通过线圈围绕面积磁通量的变化率。在发电机设计时，主要围绕上述三个途径展开研究。

其中，增强磁感应强度有两种方法：① 采用剩磁大的材料作为磁体；② 在线圈中间增加导磁材料。现阶段微小型盘式磁电发电机多采用剩磁较大的钕铁硼作为磁体，而在线圈中增加导磁材料的做法尚未得到实际应用。下面将通过有限元仿真和实验，分别对发电机线圈有无导磁材料时的发电机输出性能进行分析。

1. 线圈基板增加导磁材料方案设计

为对比线圈内有无导磁材料时的发电机性能，采取了线圈中间增加铁片与无铁片两种设计方案，具体做法如下。

（1）在两片线圈的中间增加铁片；结构为线圈 + 双面胶 + 铁片 + 双面胶 + 线圈，如图 2 – 31 (a) 所示。

（2）在两片线圈的中间增加与铁片厚度相同的纸片，使整体厚度与增加铁片结构厚度相同。结构为线圈＋双面胶＋纸片＋双面胶＋线圈，如图 2–31（b）所示。

其中，线圈为双层线圈，每片厚度为 0.1 mm，铁片厚度为 0.3 mm，双面胶厚度为 0.04 mm，则结构整体厚度为 0.58 mm。

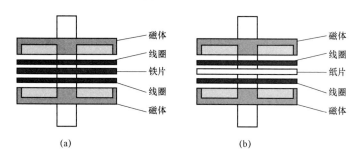

（a）　　　　　　　　　　　　　（b）

图 2–31　线圈基板增加导磁材料设计方案

（a）增加导磁材料模型；（b）无导磁材料模型

通过有限元仿真和实验对上述两方案分别进行分析与验证，对比发电机线圈有无导磁材料的发电性能。

2. 磁场有限元分析

按照前述仿真方法，获得增加导磁材料与无导磁材料磁感应密度分布特性，如图 2–32 所示。

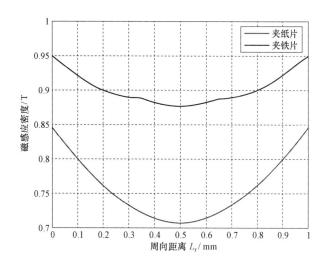

图 2–32　有限元仿真磁感应密度分布

由图 2 – 32 可以看出，增加导磁材料能够提升磁隙处磁感应密度大小。具体数值如下：磁隙为 1 mm，4 层线圈各层分别在距离磁体表面 0.24 mm、0.28 mm、0.72 mm、0.76 mm 处，计算其磁感应密度，结果见表 2 – 11。

表 2 – 11　线圈所在位置磁感应密度大小

线圈所处位置	0.24 mm	0.28 mm	0.72 mm	0.76 mm	磁感应密度平均值/T
无导磁材料磁感应密度/T	0.750 203	0.739 149	0.739 149	0.750 207	0.744 677
增加导磁材料磁感应密度/T	0.895 735	0.891 489	0.890 901	0.895 018	0.893 285 8

仿真结果表明，增加导磁材料比无导磁材料时线圈所在位置的磁感应密度平均值提升了 20%，即在发电机各参数相同情况下，增加导磁材料比无导磁材料时的输出电压理论上可提升 20%。

3. 线圈基板增加导磁材料实验测试

在实验中，通过电机带动发电机转子，测得线圈中增加导磁铁片与无导磁材料两种模型的输出性能，并将实验数据与仿真数据进行对比。其中，无导磁材料时，实验数据与仿真数据对比如表 2 – 12 所示；增加磁材料时，实验数据与仿真数据对比如表 2 – 13 所示。

表 2 – 12　无导磁材测试数据

发电机转速/ (×10³/min⁻¹)	电压峰 – 峰值/V	电压峰 – 峰值/转速实验值/ (V/×10³/min⁻¹)	电压峰 – 峰值/转速仿真值/ (V/×10³ · min⁻¹)	仿真误差/%	仿真误差平均值/%
0.879	0.2	0.228		2.79	
1.965	0.42	0.213 696		9.48	
2.572	0.58	0.225 504		3.74	
2.629	0.56	0.213 024	0.233 947	9.82	6.56
3.962	0.88	0.222 112		5.33	
5.507	1.2	0.217 92		7.35	
5.967	1.3	0.217 88		7.37	

表 2 – 13　增加导磁材料测试数据

发电机转速/ (×10³·min⁻¹)	电压峰－峰值/V	电压峰－峰值/ 转速实验值/ [V/×10³·min⁻¹]	电压峰－峰值/ 转速仿真值/ (V/×10³·min⁻¹)	仿真误差/%	仿真误差 平均值/%
0.779	0.30	0.385 2		− 27.15	
1.238	0.48	0.387 84		− 27.64	
1.754	0.58	0.330 6		− 15.11	
2.439	0.80	0.328	0.280 634	− 14.44	− 19.62
2.495	0.82	0.328 656		− 14.61	
3.056	1.08	0.353 376		− 20.58	
4.980	1.70	0.341 36		− 17.79	

　　实验结果表明，线圈增加导磁时输出电压比无导磁材料在同样转速下的输出电压提升 59.6%。

4. 线圈基板增加导磁材料小结

　　在没有增加导磁材料时，仿真结果误差为 6.56%，说明该仿真方法具有合理性；在增加导磁材料时，仿真结果误差为 − 19.62%，仿真结果与实验结果差距较大，而且小于实验值。这是由于：① 仿真中对铁片材料的定义与实际采用铁片性能不同；② 实验中，导磁材料铁片被磁体吸引，偏向一边而非在磁隙中间，气隙中间处的磁感应密度为最小值，线圈偏向一边使线圈处于磁感应密度大的区域，进而提升了发电性能。

　　在实验中，增加的导磁材料被磁体吸引，实验中总是偏向一边，增大了轴的摩擦阻力，增加了启动力矩。同时，转子磁体与定子铁片间产生磁滞损耗和涡流损耗。由于磁感应密度随磁隙呈非线性负相关，铁片厚度较厚，增大了磁隙厚度，降低磁感应密度与输出性能。如能进一步减小导磁材料的厚度使磁感应密度提升，将进一步提升发电性能。

　　增加导磁材料的方法适合某些可以提供较大启动力矩、又要求输出功率较大的场合。

| 小　　结 |

　　本章对微小型盘式磁电发电机的设计优化方法进行了分析和研究，给出了发电机输出性能与各参数之间的关系，并采用上述方法对微小型盘式磁电发电机进行了设计和分析，得出如下结论。

　　（1）按照本章介绍的设计方法，可对微小型盘式磁电发电机各结构参数进行设计，并得到具有较优性能的发电机参数。

　　（2）通过简化微小型盘式磁电发电机外壳结构能够在保持输出性能不变的前提下，有效减小发电机体积。

　　（3）对于磁体结构相同的模型，线宽与线距之和的增加导致线圈围绕面积下降，进而造成输出电压峰－峰值/发电机转速下降；同时，线宽与线距之和的增加导致线圈围绕长度减小，即内阻减小。两者综合作用，使电流和功率上升。设计时，应参考设计指标，综合考虑对输出电压和功率的要求选择恰当的参数值。

　　（4）线圈基板增加导磁材料能够有效提升发电机输出性能，然而引入了磁滞损耗，增大了转子部件转动时的阻力。采用增加导磁材料来提高输出电压的方法适合某些可提供较大启动力矩、又要求输出功率较大应用场合。

第 3 章

相对旋转式磁电发电机设计

风动涡轮发电机技术是目前使用较多的一种引信物理电源技术,该类型发电机是基于磁电发电原理,通过弹丸在飞行过程中的气流带动涡轮转动,进而带动磁电转换部件旋转,实现发电。目前,风动涡轮发电机在国内外多种近炸引信中已经得到较为广泛的应用,如美国的多用途引信 M734、电子时间引信 XM769、FMU－113A/B 近炸引信、FMU－124A/B 式电触发引信、FMU－143A/B 触发引信及 FMU－143/B 触发引信,法国的法国 FEU80 引信,挪威的 NVT224 引信、PPD323 引信以及 PPD324 双用引信等;我国的 MD－83 型、DRD42 型引信等。

风动涡轮发电机优点在于可用于低速旋转弹和非旋转弹上,并在飞行中可实现长时间持续供电,但是风动涡轮发电机在实际应用中也存在如下问题。

（1）风动涡轮发电机的发电性能与弹丸飞行过程中的气流变化直接相关，气流速度越大，涡轮转速越高，输出电压值就越大。过低的气流速度无法使引信电源可靠地工作，过高的气流速度则会导致引信电源输出电压过高损坏电器元件。

（2）风动涡轮发电机风翼需要外露或者在弹壁开通气孔道，引信无法实现全部密封，影响引信长期储存，还可能导致发电机内部零件受损。此外，弹壁开孔还可能影响弹丸的弹道性能。

针对上述问题，本章提出了一种基于相对旋转技术进行发电的相对旋转式磁电发电机设计方案。

|3.1　相对旋转式磁电发电机的基本原理|

3.1.1　相对旋转式磁电发电机的组成及工作原理

　　弹丸绕自身轴线的高速旋转是旋转稳定弹丸的固有特性，弹内零部件将在摩擦的作用下与弹丸一起运动（牵连的旋转运动）。但是在某些情况下，需要降低这种牵连的旋转运动，即采用相对转动原理使某些零部件相对于弹丸反向转动。目前，在弹药技术领域实现相对转动的方式中，滚动轴承已投入使用并具有广泛的应用价值。例如"格斯纳"弹丸，即将弹丸内的尖锥形聚能装药安装在旋转稳定弹丸内的滚动轴承上，使聚能药不随弹丸一同转动。引信中利用相对旋转技术还能延长保险机构的解除保险时间，如美国的 Stanley Kulesza 等于 1963 年在球转子机构基础上发明了一种延期解除保险机构，该结构采用滚动轴承使球转子的牵连速度大大低于弹丸转速，通过延长球转子与弹丸之间的转速同步时间来延长解除保险时间。法国于 20 世纪 70 年代末发明了一种采用滚动轴承的软带机构，延长了软带机构的解除保险时间。加拿大于 1985 年发明了一种利用滚动轴承来降低雷管、传爆管旋转速率的结构。由此可见，滚动轴承在延长弹内零部件与弹体转速同步时间的相对旋转技术中，具有较为广泛的应用。本章中所设计的相对旋转式磁电发电机也将采用滚动轴承方式实现发电机定子与转子的相对转动。

　　相对旋转式磁电发电机结构如图 3－1 所示，该发电机不需要使用涡轮结构，而是将线圈作为"转子"，轴与磁体作为"定子"。发电机外壳、线圈与引信体固定连接，发电机轴与上、下磁体固定连接，"转子"与"定子"之间通过滚动轴承进行支撑和回转。相对旋转是指磁电发电机"转子"与"定子"的相对旋转。

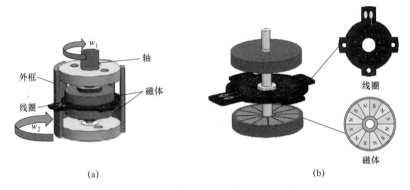

图 3－1　相对旋转式磁电发电机结构组成

　　使用线膛炮发射的弹丸，不但作直线加速运动，同时还作加速转动，使引信内部零部件之间在一定时间内会发生相对转动的现象。弹丸发射后，发电机外壳和线圈随引信体一起旋转，所以称为"转子"；滚动轴承减小了"转子"与发电机轴之间的摩擦力，因此这时作用在轴上的摩擦力矩较小，使得在一定时间内轴的初始转速 ω_1 远低于"转子"转速 ω_2，因此将发电机轴及与发电机轴固联的上、下磁体称为"定子"。这样，在线圈和磁体之间就产生了转速差，基于电磁感应现象，线圈中则会产生电动势。发电过程中，"定子"转速滞后于"转子"转速，但"定子"作加速旋转运动，直至转速与"转子"转速一致，转速差为零，磁通量不再发生变化，发电结束。

　　当发电机中的磁体相对扇形线圈旋转时，磁体产生的磁场也发生相应的旋转，从而发电机中空载气隙磁通量分布是随着磁体与各扇形线圈之间相对位置的变化而变化的。线圈中的磁通量 Ψ 发生变化产生电动势 E 为

$$E = -\frac{\mathrm{d}\psi}{\mathrm{d}t} \tag{3-1}$$

　　取上磁体 N 极扇形边线与扇形线圈外边线轴线重合时为计时起点，当 $\mathrm{d}\theta$ 足够小时，有

$$E_i = -\frac{\mathrm{d}\psi_i}{\Delta\theta} = -\frac{\Delta\psi_i}{\Delta\theta} \cdot \frac{\Delta\theta}{\Delta t} = -\frac{\Delta\psi_i}{\Delta\theta} \cdot \omega \tag{3-2}$$

式中：$\Delta\Psi_i = \Psi_i - \Psi_{i-1}$，$\Psi_i$ 为第 i 时刻作用于绕组中的磁链；$\Delta\theta$ 为 dt 时间内永磁体相对线圈旋转的角度；ω 为 i 时刻相对旋转角速度的差值（rad/s）。

由式（3–2）可知，线圈电动势的大小与线圈中的磁通量大小、旋转角速度差有关。线圈中的磁通量越大，旋转角速度差值越大，则电压越高，发电机转速差持续时间越长，则产生的电量越多。因此，相对旋转发电技术研究将从提高线圈中磁通量、提高旋转角速度差值、延长发电机转速差持续时间三个方面展开。目前，提高线圈中磁通量的方法研究较多，3.2 节将重点讨论相对转速对发电机发电性能的影响。

3.1.2　相对旋转式磁电发电技术的影响因素

由相对旋转式磁电发电机的基本工作原理可知，发电机发电性能受相对转速的影响，因而需要对相对转速的计算以及相对旋转的影响因素进行分析。

弹丸发射时，弹内零部件受到膛内环境力、后效环境力、飞行环境力等。据此，对发电机定子、转子进行运动分析。

1. 转子运动方程

转子与引信体内壁固定连接，因此转子的角速度变化与弹丸角速度变化相同。在膛内时，弹丸在作直线运动的同时，由于膛线作用，弹丸同时做旋转运动。弹丸在膛内的角速度为

$$\omega_1 = \frac{2\pi}{\eta} v_{\mathrm{D}} \qquad (3-3)$$

式中：ω_1 为弹丸角速度（rad/s）；v_{D} 为弹丸速度（m/s）；η 为火炮膛线缠度。

由式（3–3）可知，弹丸角速度 ω_1 与弹丸的速度成正比。弹丸在膛内及后效期的膛压曲线（p—t）和转速曲线（v—t）如图 3–2 所示。弹丸在膛内作加速直线运动，运动的速度不断增大，则发电装置的转子在膛内的角速度也不断增大。

在后效期，弹丸出炮口后，弹丸脱离膛线约束，弹丸的轴向速度虽然仍在增加，但是转速不再增大。因此，在整个后效期可将转子转速视为常数，其值等于弹丸在炮口处的转速 ω_{g}。

在飞行期，由于空气阻力的作用，弹丸作减速运动，但其自转角速度有很大的衰减。柔格里公式是描述弹丸角速度 ω_t 变化的最简单的公式：

$$\omega_t = \omega_g \, \mathrm{e}^{-ut} \qquad (3-4)$$

式中：ω_t 为弹丸出了炮口后 t 时刻的角速度（rad/s）；ω_g 为弹丸在炮口处的角速度（rad/s）；u 为指数系数，可用下式计算：

$$u = 0.075 \frac{LD^3}{I_p} \times 9.81 \qquad (3-5)$$

式中：L 为弹丸长度（m）；D 为弹丸口径（m）；I_p 为弹丸极转动惯量（kg·m²）。

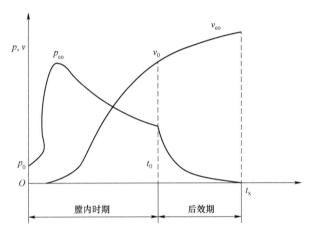

图 3 - 2 弹丸在膛内及后效期中的 p—t 和 v—t 曲线

2. 定子运动分析

轴与上、下磁体构成发电机的定子，定子与轴保持相同转速。因此，可对轴的转速进行分析。当轴与发电机的相对转速稳定时，所受力矩平衡，此时受力情况如图 3 - 3 所示。图 3 - 3 中外圆表示滚动轴承的内圈，轴承外圈与发电机壳体固定，顺时针转动；内圆表示发电机轴，通过滚动轴承在发电机壳体中

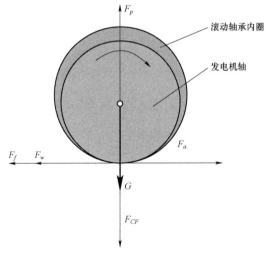

图 3 - 3 相对转速稳定时轴受力图

回转，并做转速滞后于壳体的顺时针转动。轴在转动过程中，受重力、离心力、摩擦力、压力及运动阻力的共同作用。

图 3-3 中，G 为轴所受重力；F_{CF} 为轴转动所受离心力；F_p 为轴承对轴的支撑力；F_f 为轴所受摩擦力，F_w 为轴滞后转子所受摩擦力（轴承之外的接触方式导致）；F_a 为轴运动的阻力（由空气及轴承变形等引起）。其中，重力 G 恒定不变，$F_p = G + F_{CF}$，$F_{CF} = m\omega^2 r$，转速越大，离心力越大，轴和轴承之间的作用力越大。G、F_{CF}、F_p 与轴的质量、偏心半径和转速有关，F_w 与发电机的结构设计有关。为降低轴所受摩擦力，进而降低轴的转速（轴长时间滞后于发电机壳体），可通过合理设计降低轴的质量和偏心半径来实现。

作用在转轴上的力矩主要由两部分组成：主动力矩为轴滞后轴承所承受的摩擦力矩 M_f 和轴滞后转子所受摩擦力 M_w，阻力矩为空气及轴承变形等引起对轴运动的阻力矩 M_d，两者共同作用，带动轴转动。

轴及轴上零部件的转动惯量为 J，则轴的运动方程为

$$J\frac{\mathrm{d}\omega}{\mathrm{d}t} = M_f + M_w - M_d \qquad (3-6)$$

根据轴的运动方程，可以求得任意时刻 t_1 时轴（定子）的旋转角速度：

$$\omega = \int_0^{t_1} \frac{M_f + M_w - M_d}{J} \mathrm{d}t \qquad (3-7)$$

因此，为了减小定子的角速度以增大速度差持续时间，需要做到以下两点：

（1）增大轴及轴上零部件的转动惯量 J；

（2）减少轴向直线惯性力产生的摩擦力矩及轴承传递的力矩。

为实现第（2）条，则应保证发电机结构设计的对称性以及发电机各零部件的加工精度；还需要改进发电机结构以减少转子定子间力的传递，减小摩擦力。

由于摩擦力矩 M_w 可通过发电机的合理设计进行避免，因此式（3-6）可简化为

$$J\frac{\mathrm{d}\omega}{\mathrm{d}t} = M_f - M_d \qquad (3-8)$$

当轴转速稳定时，力矩平衡，即所受力矩之和为零，又因为两力矩的力臂等长，故有 $F_f = F_d$。下面分析影响轴滞后轴承所受摩擦力的因素，以降低轴所受摩擦力，延长转速差持续时间。

3. 摩擦力矩分析

轴承的总摩擦力矩由两项组成，包括不受负荷影响的力矩 M_0 和取决于负

荷的力矩 M_1：

$$M = M_0 + M_1 \tag{3-9}$$

式中：M_0 为与轴承类型、转速和润滑油性质有关的力矩（N·m）；M_1 为与轴承所受负荷有关的摩擦力矩。

（1）M_0 的计算。M_0 主要与轴承类型、润滑剂的黏度和数量以及轴承转速有关，可由式（3-10）和式（3-11）计算。

当 $vn \geq 2\,000$ 时，有

$$M_0 = f_0(vn)^{\frac{2}{3}} d_m^3 \times 10^{-7} \tag{3-10}$$

当 $vn \leq 2\,000$ 时，有

$$M_0 = 160 \times 10^{-7} f_0 d_m^3 \tag{3-11}$$

式中：f_0 为与轴承类型和润滑有关的系数；v 为轴承工作温度下润滑剂的运动黏度（mm²/s）；n 为轴承转速（r/min）；d_m 为轴承平均直径（mm），$d_m = 0.5(d + D)$，d 为轴承内径（mm），D 为轴承外径（mm）。

（2）M_1 的计算。M_1 主要是弹性滞后和接触表面的摩擦损耗，计算公式为

$$M_1 = f_1 P_1 d_m \tag{3-12}$$

式中：f_1 为与轴承类型和所受负荷有关的系数；P_1 为确定轴承摩擦力矩的计算负荷（N），$P_1 = F_p = m\omega^2 r$。

通过上述分析可知，影响 M_f 的因素较多，如轴承的载荷、空气阻力、旋转速度等。为使力矩平衡时轴的转速尽量小，即提高轴转速稳定时与发电机的相对转速，应从以下三个方面提高相对转速：① 减小轴的偏心距，即提高轴与发电机的同轴度；② 合理选择转轴的质量；③ 采用低摩擦系数的轴承。

3.2 相对旋转式磁电发电机结构设计

根据上述对相对旋转式磁电发电机工作原理的分析，其结构如图 3-4 所示，主要由发电机外壳、轴、上下轴承、线圈、上下磁铁构成。其中，旋转式磁电发电机的"转子"部分主要由发电机外壳和线圈构成，它们与引信体固联，发射时随引信体一起转动；发电机轴与上下磁铁固联，构成发电机的"定子"。发电机中滚动轴承减小了"转子"与"定子"之间的摩擦力，作用在发电机轴上的摩擦力矩（主动力矩）较小，轴的初始转速远低于引信体（或"转子"）的

转速，这样在"定子"与引信间就产生了转速差。

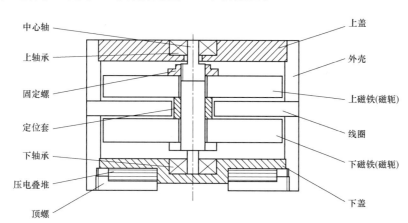

图 3 - 4　相对旋转式磁电发电机结构示意图

在进行发电机结构尺寸设计时，既需要保证高的发电机输出性能（功能结构设计），又需要保证足够的耐高过载能力（强度结构设计），即在有限空间内，发电机达到最优的输出性能并具有足够的结构强度，此外还要考虑到结构的加工可行性。发电机设计流程如图 3 - 5 所示。

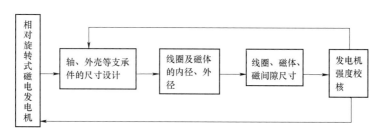

图 3 - 5　相对旋转式磁电发电机设计流程

相对旋转式磁电发电机的磁电转换部分采用盘式磁电发电机的结构形式，其结构设计，可根据第 2 章中介绍的微小型盘式磁电发电机的设计方法进行，这里不再赘述，下面重点对发电机支承结构的设计进行介绍。

3.2.1　发电机支承结构的设计

这里以某小口径弹机电引信作为应用对象来介绍发电机支承结构的设计。该弹在发射过程中，引信电源需承受的轴向过载可达 50 000g。为保证引信电源在弹道中能够正常工作，必须保证发电机承受过载后可满足以下条件：

（1）各个零件保持完好；

（2）零件间装配关系保持正常；

（3）零件间相对运动关系保持正常。

由图3-4可知，发电机的外壳和轴是轴向过载的主要承担者，因此应首先确定发电机外壳和轴的尺寸；然后设计其他部分的结构。强度分析可采用通用仿真软件 Ansys Workbench 来完成。

1. 外壳的结构参数设计

发电机的外壳结构如图3-6所示，该机电引信对发电机的总体尺寸设计要求控制在 $\phi20\text{mm} \times 20\text{mm}$，因此图3-6中的①处应为 $\phi20\text{mm}$。由设计经验可知，为可靠地承受 $50\,000g$ 的过载，外壳壁厚应大于 0.5 mm，台阶应大于 0.2 mm。⑩处采用螺纹连接，因此该段壁厚（尺寸⑤）需要考虑螺纹尺寸。根据细牙螺纹标准尺寸，选用 M18×1 螺纹，则⑤处的尺寸应小于 $\phi16.891\text{ mm}$。考虑到机械加工特点及加工可行性，对图3-6进行详细设计，发电机外壳的最终结构尺寸如图3-7所示。

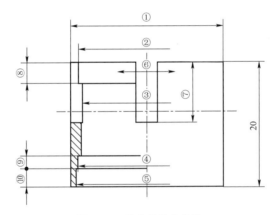

图 3-6　发电机外壳结构

2. 发电机轴的结构参数设计

发电机轴的初步设计如图3-8所示，轴径②与轴径⑥的尺寸相等，该尺寸取决于选用轴承的尺寸。由于发电机尺寸较小，需要使用微型轴承，此处选用标准微型轴承 MR52ZZ（尺寸为 $2\text{ mm} \times 5\text{ mm} \times 2.5\text{ mm}$），因此轴径②与轴径⑥的尺寸暂定为 $\phi2\text{ mm}$。由于轴的③段需要加工螺纹，为保证螺纹处轴的强度，此处选用 M3×0.35 细牙螺纹，因此该段轴径尺寸暂定为 $\phi3\text{ mm}$。同时，为了保证下轴承内圈的轴向定位，⑥处增加一级台阶。考虑到机械加工的特点及加工可行性，发电机轴的结构尺寸如图3-9所示。

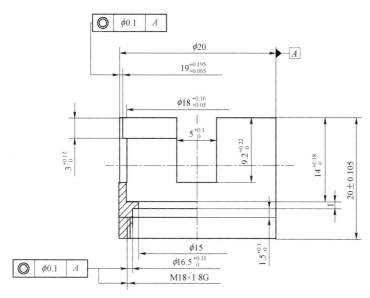

图 3-7　发电机外壳结构尺寸

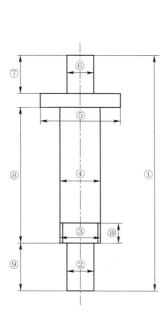

图 3-8　发电机轴结构示意图

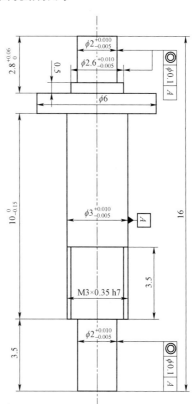

图 3-9　发电机轴尺寸示意图

如图 3-8 和图 3-9 所示，轴的②、⑥处与轴承相接触，④、⑤处与磁体相接触。在工作时，零件的质量不均匀、装配误差、加工误差及变形等原因会导致零件的偏心。因此，当发电机高速旋转时，偏心导致离心力作用于轴与轴承、轴与磁体之间，因此轴的②、④、⑥处会承受径向剪切力的作用，这种力的作用会随着发电机轴转速的升高而加大。⑤处承受整个轴上零件的后坐力，⑥处承受整个轴及轴上零件的后坐力。然而，较小的尺寸可能会带来强度失效，使轴在过载时严重变形甚至断裂，导致发电机无法正常工作。因此，需要对轴在过载情况下的应力及变形进行仿真计算。

3.2.2 发电机轴的强度校核

根据发电机轴及轴上零件的连接、固定方式建立有限元分析模型如图 3-10 所示。零件的材料及参数如表 3-1 所列，采用 Ansys Workbench 显式动力学模块进行仿真分析，Johnson-Cook 材料模型计算。发电机轴的运动分为沿轴向的直线运动与沿自身轴线的旋转运动，轴及轴上零件施加的载荷如图 3-2 所示，这里不再赘述。

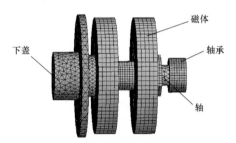

图 3-10　发电机轴部件的有限元分析模型

表 3-1　零件材料及特性参数

零件	材料	密度/ （kg·m⁻³）	弹性模量/ GPa	泊松比	许用应力/ MPa
轴	硬铝	2810	71	0.2	420
磁体（单边）	钕铁硼	7500	160	0.24	290
其他	硬铝	2810	71	0.2	420

对发电机轴及轴上零件承受后坐力及离心力的受力和变形情况分别进行了有限元计算。图 3-11 所示为旋转发电机承受轴向过载时，轴及轴上零件的应力与应变云图。从位移分布来看，各个零件没有明显的相对位移差。这表明

发电机在承受轴向过载时，各零件的变形量较小，不会破坏发电机原有的磁路结构；同时也表明，该结构不会出现由于磁体变形量过大导致磁体与线圈接触而为发电机定子带来额外摩擦力矩的情况。从图 3-11 来看，轴在承受后坐过载时，应力最大值出现在台阶处，该台阶为轴的薄弱环节，最大应力值为 328 MPa。该值虽然小于轴的许用应力，但却远大于其他部位的应力值，应从发电机结构上进行改进，以减小此薄弱环节的负担。此外，该台阶与下轴承内圈相接触，承受整个轴及轴上零件后坐力带来的轴向载荷，由作用力与反作用力原理可知，下轴承内圈也将承受较大的轴向作用力。

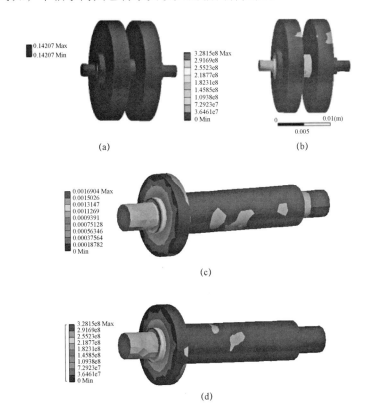

图 3-11 发电机轴部件在后坐力作用下的受力分析

（a）轴及轴上部件位移图；（b）轴及轴上部件应力图；（c）轴上的应变；（d）轴上的应力

如前所述，在实际生产中，发电机轴及轴上零件会由于加工及装配误差，使得整个部件的质心偏离轴心，当弹丸旋转时，由于离心力的作用会给发电机轴带来额外的负载。因此，对发电机轴部件质心偏离轴心的程度与发电机轴受力情况的关系进行分析，分别对发电机轴部件质心未偏离及偏离轴心 0.2 mm 和 0.4 mm 这三种情况开展仿真计算，结果如表 3-2 所列，质心偏移情况下轴的应力分布如图 3 – 12 所示。由应力与应变云图可以看出，当弹丸旋转时，质心偏移导致发电机轴应力值的增加，发电机下轴颈应力增加较为明显，成为发电机轴的又一个薄弱环节。此外，发电机轴的应力随着偏心距的增加而增加，当偏心距达到 0.4 mm 时，发电机轴最大应力达到 415 MPa，已经接近轴的许用应力 420 MPa，这表明发电机轴及轴上零件可承受至多 0.4 mm 的偏心，因此在实际加工及装配过程中需注意保证偏心值小于 0.4 mm。

表 3 – 2   质心偏移对发电机轴应力分布的影响

序号	偏心程度/mm	轴上最大应力/MPa	是否满足强度要求
1	0	328	是
2	0.2	351	是
3	0.4	415	是，但已临近许用应力

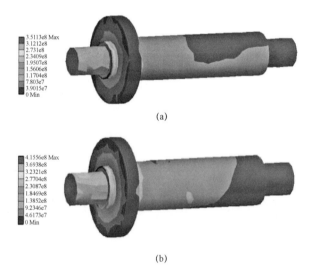

图 3 – 12   质心偏移情况下发电机轴的应力分布云图
（a）偏心 0.2 mm （b）偏心 0.4 mm

3.2.3   结构改进

3.2.2 节中选用标准微型轴承 MR52ZZ 作为发电机的上、下轴承，该轴承属于深沟球轴承，当轴承内圈承受较大轴向力时，轴承的内圈和外圈将会发生位移，从而损坏轴承内外圈间的保持架，使轴承无法正常工作。增加轴长度，使轴下端面与发电机下盖相接触的方法可以减轻下轴承的负担，但是轴下端面与发电机下盖相接触会引入额外的摩擦力矩。由前面的分析可知，摩擦力矩的引入会缩短转速差持续时间，降低发电机的发电性能。为减小下轴承的负担，同时尽量避免引入较大的摩擦力矩，在发电机轴下端面与发电机下盖之间增加一颗滚珠，如图 3 – 13 所示。

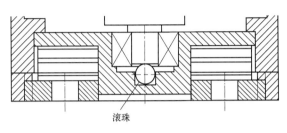

滚珠

图 3 – 13　加入滚珠后的结构示意图

在图 3 – 13 所示的改进结构中，滚珠同时起到了两种作用：① 轴向支撑，滚珠承担了原本施加在轴承内圈上的轴向作用力；② 减小摩擦，滚珠将轴与下盖之间的面接触变为轴与滚珠、滚珠与下盖的点接触，接触面积的减小有利于摩擦力的减小。不同接触方式对相对转速的影响将在 3.4 节中进行分析。

| 3.3　相对旋转式磁电发电机性能测试 |

在上述对相对旋转式磁电发电机原理分析与结构设计的基础上，在实验室环境下对其进行了测试和分析，以验证其基本性能及设计的合理性和可行性。

3.3.1　磁电式发电机相对转速差测试

相对转速差是相对旋转式磁电发电机设计的核心内容，前面已经对发电机相对转速差的影响因素进行了理论分析，这里主要通过实验的方式对相对转速差进行分析，并通过模拟实验对相对旋转式磁电发电机在高速旋转环境下的发电性能进行预估。

1. 实验装置

为使线圈与磁体之间产生转速差，这里使用自带速度反馈装置的直流电动机来模拟引信的高速旋转。将电动机转轴通过套筒与发电机外壳固定连接。首先通过电动机的转动带动发电机外壳转动，模拟出弹丸的自旋状态；然后通过光电传感器测量发电机轴转速的跟随情况。使用相对转速差测试装置如图 3 – 14 所示，运动的传递方向分为竖直和水平两种形式。

传动装置竖直放置的实验方案如图 3 – 14（a）所示，电动机轴和发电机轴均与地面垂直。电动机由夹具固定在台面上，电动机轴的运动通过套筒传递给发电机的转子（外壳和线圈），发电机定子在摩擦力矩的作用下跟随转子转动，直至转速与转子同速。

传动装置水平放置的实验方案如图 3 – 14（b）所示，电动机轴和发电机轴均与地面平行。电动机同样由夹具固定在台面上，夹具水平放置。发电机通过轴承装卡在夹具上。电动机轴的运动通过柔性联轴器传递给发电机的转子，由于图中轴承的作用，电动机轴承受的力矩不会太大，从而能够保证发电机转子获得较高的转速。

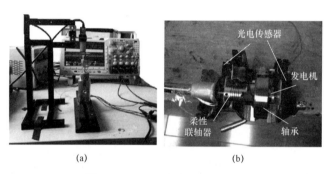

(a)　　　　　　　　　　　(b)

图 3 – 14　相对转速差测试装置

（a）传动装置竖直放置；（b）传动装置水平放置

2. 相对转速差测试结果

分别使用图 3 – 14 所示的两套实验装置对相对转速差变化情况进行分析。发电机转子转速一定时，发电机定子转速先增大后逐渐平稳，其加速过程呈现近似线性的变化趋势。在不同的发电机转子转速下，发电机定子的转速变化曲线如图 3 – 15 所示，转子转速在 3 000 – 10 000 r/min 范围内，随着发电机转子转速的增加，发电机定子转速达到稳定的时间呈现出先增加后平稳的趋势。对比图 3 – 15（a）和图 3 – 15（b）可知，发电机处于不同工作位置（水平、竖直）时，发电机定子转速变化曲线较为接近，因此发电机的工作位置对发电机定子转速变化影响较小。

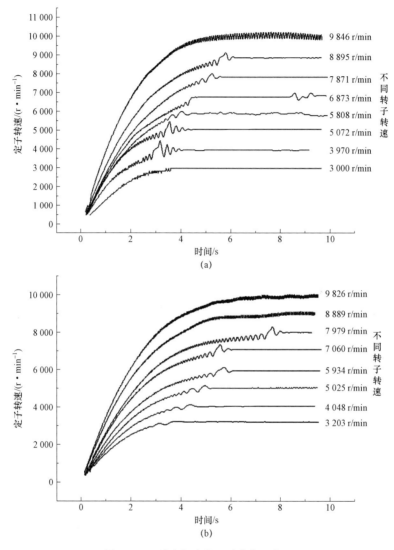

图 3 - 15　发电机定子运动变化示意图
（a）传动装置竖直放置；（b）传动装置水平放置

　　由于发电机的工作位置对发电机定子的转速变化影响较小，下面只对传动装置水平放置得到的实验数据进行分析。对发电机转子转速为 60 000 r/min 时，发电机定子转速变化情况进行估计，传动装置水平放置时发电机定子转速的拟合曲线如图 3 - 16 所示，不同发电机转子转速下发电机定子转速的拟合参数如表 3 - 3 所列。

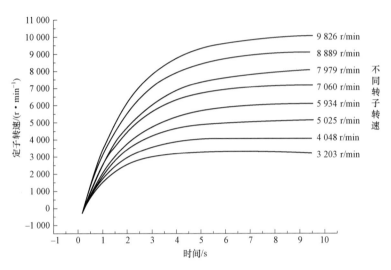

图 3-16　传动装置水平放置时发电机定子转速拟合曲线

表 3-3　拟合参数

发电机转子转速/ (r · min⁻¹)	拟合公式	y_0/(r · min⁻¹)	A/(r · min⁻¹)	t/s	拟合度 R^2
3 203		3 233.446 91	− 4 408.903 98	1.072 49	0.987
4 048		4 100.720 37	− 5 111.072 87	1.321 84	0.987
5 025		5 120.016 73	− 6 175.031 23	1.558 67	0.988
5 934	$Y=y_0+Ae^{-x/t}$ Y 为定子转速 x 为时间	6 072.336 21	− 6 925.097 39	1.806 59	0.992
7 060		7 220.873 47	− 8 312.484 61	1.803 06	0.991
7 979		8 108.694 91	− 9 100.703 25	2.023 36	0.994
8 889		9 149.240 07	− 10 242.443 26	1.905 62	0.995
9 826		10 076.137 58	− 11 417.711 27	1.864 2	0.996

　　发电机定子转速的拟合参数与发电机转子转速的关系如图 3-17 所示，参数 y_0、A 与发电机转子转速 n 间均呈现线性关系，参数 t 与 n 呈现出先增加后逐渐稳定的变化趋势。根据各参数的变化趋势求得发电机转子转速为 60 000 kr/min 时，发电机定子的转速曲线如图 3-18 所示，发电机转速差曲线如图 3-19 所示。

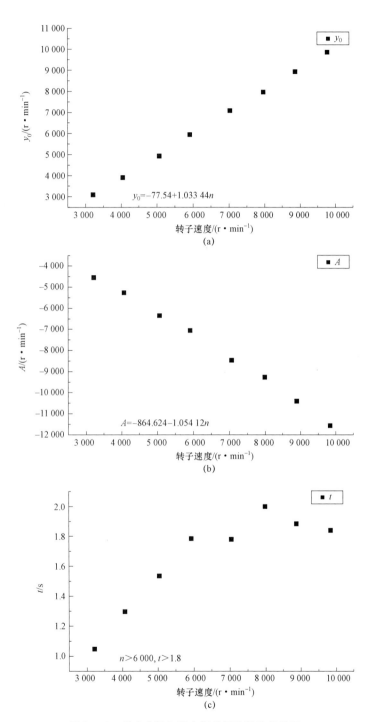

图 3-17　拟合参数与发电机转子转速的关系图

（a）$n-y_0$ 图；（b）$n-A$ 图；（c）$n-t$ 图

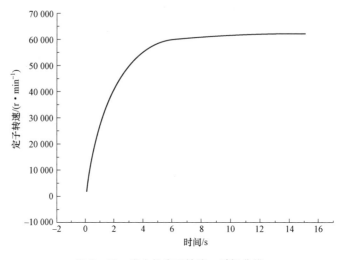

图 3-18　发电机定子转速—时间曲线

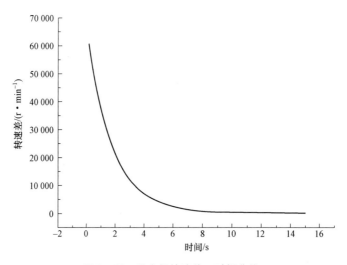

图 3-19　发电机转速差—时间曲线

　　发电机转子转速不同对应发电机转速差达到 1.1/6 倍发电机转子转速所用时间如图 3-20 所示，由图可知，发电机转速差持续时间随着发电机转子转速的升高呈现出先升高后趋于平稳的趋势，且平稳段值均大于 3.2 s。由式（3-8）可知，随着发电机转子转速的升高，发电机定子转速 ω（4.9/6 发电机转子转速）也一同升高，而 t_0 基本保持不变，这意味着摩擦力矩与阻力矩之和随着发电机转子转速增加呈现递增趋势。考虑到发电机定子转速相同的情况下，摩擦力矩基本保持不变，因此力矩之和的增加更有可能是由阻力矩 M_d 的减小导致的。因此，可能是由于阻力矩随着发电机转子转速的增加而逐渐减小，最终导致了上述时间曲线的平稳。

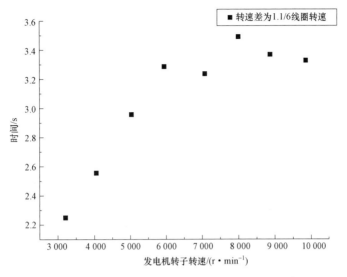

图 3 - 20　不同线圈转速对应的发电机转速差持续时间

3.3.2　相对旋转式磁电发电机输出特性测试

相对旋转式磁电发电机的发电性能取决于磁电式发电机的发电性能及相对转速差持续情况，前面已对这两点影响因素分别进行了实验，这里只对磁电式发电机相对旋转发电性能进行测试。其实验装置如图 3 - 21 所示。为模拟相对转速差，发电机的定子与转子都将处于旋转状态，无法通过示波器实时监测发电机输出情况，因此此处采用为电容充电的方法来测试发电机的输出情况。

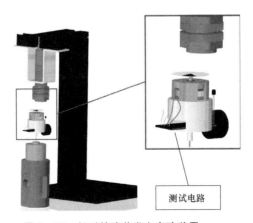

图 3 - 21　相对转速差发电实验装置

实验中采用先充电后读值的方式测试发电机为电容充电情况，即充电电路随发电机转子一同旋转，转速差充电过程结束后，发电机停止旋转，此时读取储能电容两端电压值。

在模拟实验过程中，发电机定子与转子存在转速差的阶段有两个：发电机定子加速至稳定状态为第一阶段；发电机定子减速至静止状态为第二阶段。相对旋转式磁电发电机在这两个阶段都可为电容充电，但只有第一阶段的转速差符合发电机弹上的工作状态，第二阶段的转速差在弹丸实际运动中几乎不存在。因此，设计如图 3-22 所示电路以避免实验引入第二阶段的充电能量，导致电容两端电压高于实际值。

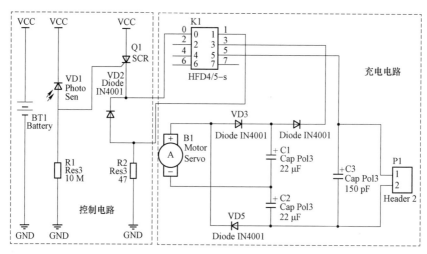

图 3-22 相对转速差发电测试电路

相对转速差发电测试电路分为控制电路和充电电路两部分，如图 3-22 所示。控制电路的作用是控制储能电路在发电机定子转速稳定时断开，避免发电机第二阶段转速差产生的电能充至储能电容中。储能电路为二倍压充电电路，实现相对旋转式磁电发电机为储能电容充电的功能。实验过程中，先保持发电机转子（线圈）转速恒定，发电机定子转速随之逐渐增加，为电容开始充电，待发电机定子转速稳定后启动控制电路，电容停止充电，此时停止发电机转子的旋转，待发电机转速降为零后测量储能电容两端电压。控制电路通过外部光照这种非接触式方式控制充电电路在发电机转速稳定后停止充电。控制电路由光电二极管 VD1、晶闸管 Q、继电器 K1 及电容、二极管组成。图 3-23 所示为给定不同发电机转子转速时，电容两端的电压值。

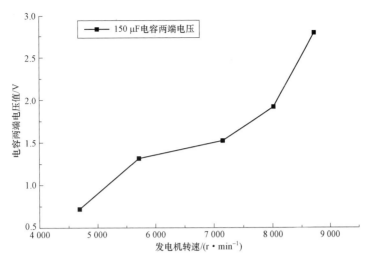

图 3-23　相对转速差发电充电效果曲线

旋转式磁电发电机的输出功率与发电机的转速差值 $(n_1 - n_2)^2$ 成正比（设 $P = k_1(n_1 - n_2)^2$，k_1 为与旋转式磁电发电机结构相关的常数），又由 3.3.1 节实验结果可知，不同转子转速 n_1 下，发电机定子加速过程呈现近似线性变化趋势，则发电机定子转速 n_2 在 t 时刻有 $n_2 = k_2 \cdot t$。因此，在 t_1 时刻，相对旋转式磁电发电机的输出能量为

$$W = \int_0^{t_1} k_1(n_1 - n_2)^2 \, \mathrm{d}t = \int_0^{t_1} k_1(n_1 - k_2 t)^2 \, \mathrm{d}t \qquad （3-13）$$

$$W = k_1\left(n_1^2 t_1 - n_1 k_2 t_1^2 + \frac{1}{3} k_2^2 t_1^3 \right) \qquad （3-14）$$

设充至电容的能量为 W_c，则

$$W_c = \frac{1}{2} c U^2 \qquad （3-15）$$

设 $W = k_3 W_c$，k_3 为与电路阻抗相关的常数，则

$$U = \sqrt{\frac{2}{k_3 c} k_1 \left(n_1^2 t_1 - n_1 k_2 t_1^2 + \frac{1}{3} k_2^2 t_1^3 \right)} \qquad （3-16）$$

由上面分析可知，不同的转速 n_1 对应发电机为电容可靠充电的时间（由于本实验所用电路为二倍压电路，故此处认为转速差大于 1.1/6 对应时间为可靠充电时间）基本保持稳定且均大于 1.2 s，因此可认为 t_1 为定值，此时有

$$k_2 = \frac{4.9}{6} \frac{n_1}{t_1} \qquad （3-17）$$

则

$$U = \sqrt{\frac{2}{k_3 c} k_1 \left(n_1^2 t_1 - \frac{4.9}{6} n_1^2 t_1 + \frac{1}{3} \left(\frac{4.9}{6} \right)^2 n_1^2 t_1 \right)} \qquad (3-18)$$

将式（3-18）化简后可得

$$U = \sqrt{\frac{2}{k_3 c} k_1 \left(1 - \frac{4.9}{6} + \frac{1}{3} \left(\frac{4.9}{6} \right)^2 \right) t_1} \, n_1 \qquad (3-19)$$

由式（3-19）可知，U 与转速 n_1 成正比。因此可以采用一次函数对实验结果进行拟合，拟合结果为 $U = 2.306\,24 \times 10^{-4} n_1 - 0.742\,36$，拟合度 $R^2 = 0.89$。拟合曲线误差较大，分析原因可能是由于储能电容漏电流造成，由于测量过程滞后于发电机发电过程，因此测量值会小于发电机实际值，而且误差大小与测量速度有关；此外，实验装置的质量不均匀、同轴度误差等造成的振动，也可能会影响转速差持续情况。根据上述拟合曲线推测，当转速 n_1 为 60 000 r/min 时，电容两端电压可达 13.095 V，可满足设计对象引信电路的使用需求。

3.4 高过载高转速环境下相对旋转式磁电发电机特性分析

3.3 节中对相对旋转式磁电发电机的性能进行了实验室试验测试，但由于受试验条件的限制，电动机难以模拟转速高于 10 000 r/min 的弹道环境，又由于地面试验无法模拟后坐过载对相对旋转式磁电发电机的性能影响。因此，本节借助运动学分析软件 Adams 对高过载及高转速环境对发电机性能的影响进行分析。

3.4.1 高转速下转速差的变化趋势

本节对相对旋转式磁电发电机转子转速高于 10 000 r/min 时，相对旋转式磁电发电机定子与转子的转速差进行仿真研究。为了使仿真结果更为准确，利用上述低转速下的试验结果去调节仿真参数。为简化仿真过程，将不同转速下发电机轴受到的复杂力学变化统一反映为仿真参数中静摩擦系数的变化，根据相对旋转式磁电发电机在低转速情况下的转速差试验数据拟合得到如图 3-24 所示曲线。由该曲线可以求得不同转速下仿真模型应设置的静摩擦系数。其余仿真参数如表 3-4 所列。

表 3 – 4 Adams 中有关接触的仿真参数

刚度/(N·mm⁻¹)	力指数	阻尼/(N·S·mm⁻¹)	穿透值/mm	动摩擦系数
1.0×10^5	1.5	50.0	0.1	0.01

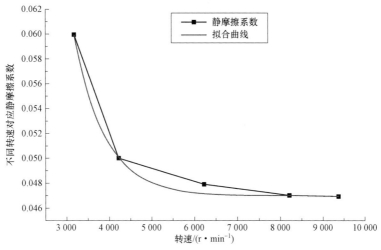

图 3 – 24 静摩擦系数拟合曲线

根据图 3 – 24 分别求出转速为 10 000 r/min、30 000 r/min、40 000 r/min、50 000 r/min、60 000 r/min 时仿真参数的设置值，对不同弹丸转速情况下，发电机定子旋转速的跟随情况进行仿真。当弹丸转速为 60 000 r/min 时，发电机定子的转速—时间曲线如图 3 – 25 所示，从图中可以看出，当发电机定子与转子的转速差为 11 000 r/min 时，发电机定子的转动时间为 2.132 s，即在该时间

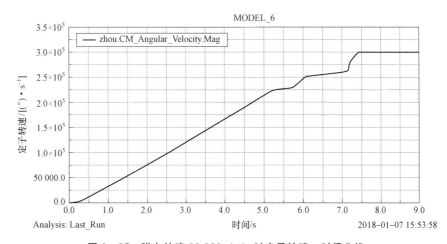

图 3 – 25 弹丸转速 60 000 r/min 时定子转速—时间曲线

范围内，相对旋转式磁电发电机产生的电能经二倍压电路均可将 150 μF 电容充电至 12 V。

3.4.2 结构变化对转速差的影响

在发电机结构设计中，为了减小轴端面与下盖之间的摩擦，在轴端与下盖之间加上了滚珠，这里将通过仿真计算来研究滚珠对转速差的影响。

利用有滚珠结构的发电机试验数据去调整仿真参数，对转速为 3 000 r/min 的两种结构的发电机定子转速跟随情况进行仿真，仿真结果如图 3-26 和图 3-27 所示。从图中可以看出，无滚珠结构发电机的定子转速达到转子转速的时间为 0.15 s，而有滚珠结构发电机的定子转速达到转子转速的时间为 3s 以上，远大于无滚珠结构。因此，加滚珠确实可以起到减小摩擦、延长转速差持续时间的作用。

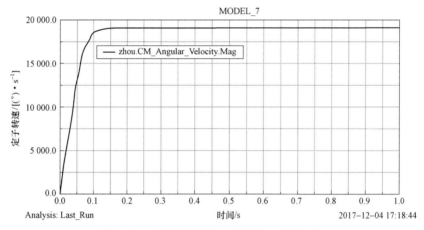

图 3-26 无滚珠情况下定子转速—时间曲线

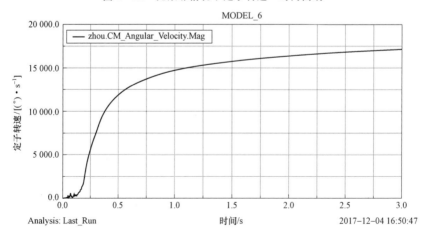

图 3-27 有滚珠情况下定子转速—时间曲线

3.4.3 高过载环境下转速差持续情况模拟

本节将模拟发电机在弹道过载下的转速差变化，发电机在膛内受到的载荷如图 3 – 2 所示；在外弹道，认为发电机转子转速保持不变，发电机所受后坐力在 1 ms 时间内衰减为零。

由于缺乏定子在变化的旋转环境力下的试验数据用于确定仿真参数，因此在仿真中，仅模拟变化的后坐环境力而将旋转环境力仍视为定值。在后坐过载的作用下，不同弹丸转速对应转速差持续时间均有不同程度的降低，降低幅度为 3.9%～46.5%。当弹丸转速为 60 000 r/min 时，转速差的持续时间为 5.4 s，与无后坐力作用相比时长下降了 28%，如图 3 – 28 所示。

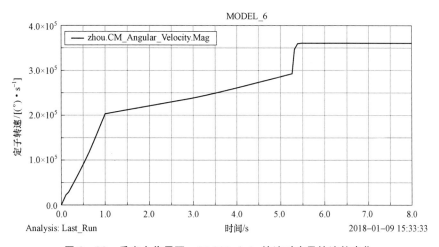

图 3 – 28 后坐力作用下，60 000 r/min 转速时定子转速的变化

| 小 结 |

针对传统涡轮式磁电发电机稳定性差、引信体难以密封导致的长储问题与可能影响弹丸弹道性能等问题，本章提出了一种基于相对旋转技术的磁电发电机技术，并结合某小口径弹引信电源设计要求，对其结构进行了设计和分析；在对相对旋转式磁电发电机定子与转子相对转速差进行测量的基础上，对发电机特性进行了分析，根据试验数据推断出，当发电机转子转速为 60 000 r/min时，150 μF 电容两端电压可达 13.095 V。

第 4 章

风致振动式压电发电机设计

子母弹又称"集束弹药"，是一种通过战斗部空中开舱抛射的武器，具有覆盖面积大、杀伤范围广等优势。子母弹顺应了现代战争"纵深攻击"的战略特点，被世界各国给予了高度重视，在历次的局部战争，如海湾战争、科索沃战争，以及阿以冲突中，美国及其盟国，以及以色列等国都大量使用了子母弹。

由于子母弹子弹体积有限，子弹引信的主发火机构多采用机械惯性触发机构，导致子弹引信作用可靠性低，子弹药的未爆率较高。未爆子弹药造成的后果严重，对平民安全和环境都产生了很大的伤害和破坏。由于传统子弹药带来的人道主义危机，近年来，国际社会对其使用进行了限制，《国际禁止集束弹药公约》中明确要求集束弹药子弹药应具有自毁功能。这一功能的实现需要电源装置为自毁引信提供电能。而目前限制子弹药引信发展的最主要原因是引信体积有限，没有足够空间布置电源装置。因此，适用于子弹药的微小型电源技术已经成为各国子母弹子弹药研究中亟待解决的一个关键问题。

微小型电源中，化学电源存在激活时间长、可靠性差、储存性能差，长时间放置会引发失效，因此难以满足现代引信对电源的要求。微型物理电源中，太阳能电池对天气要求较为严格，可作为辅助能源或补充能源使用；温差电池输出功率较小，应用于引信的可能性很小；微小型磁电发电机虽然目前研究较多，但是受到子弹药引信空间尺寸的限制，很难在子弹药中使用。

本章针对上述问题，基于子弹药下落过程中的环境及其运动特性，设计了一种风致振动式压电发电机，利用子弹下落过程中的相对风速促使压电振子振动而产生电能，为子弹引信供电。

| 4.1　子弹药简介 |

4.1.1　子母弹的抛撒方式

子母弹是指在一个母弹内装备一定数量的相同或不同类型子弹的战斗部并在预定的抛射点母弹开舱将子弹从母弹里抛撒出来，形成一定散布面积与散布密度作战效果的一类武器。其抛撒主要有以下几种方式：

（1）剪切螺纹或连接销开舱。这种开舱方式在火炮特种弹丸上应用较多，如照明弹、宣传弹、燃烧弹、子母弹等。一般作用过程是时间点火引信将抛射药点燃，高压气体产生的推力推动推板和子弹，将头螺或底螺的螺纹剪断，使弹体头部或底部打开。

（2）雷管起爆，壳体断裂开舱。这种开舱方式用于一些火箭子母弹上，当时间引信作用后，引爆 4 个径向放置的雷管，在冲击波作用下，脆性金属材料制成的头螺壳体断裂，使战斗部头部全部裂开。

（3）爆炸螺栓开舱。这是一种以引爆螺栓中的火药产生释放力，靠空气动力作为分离力的开舱机构，常被用在航弹舱段间的分离。

（4）组合切割索开舱。将有聚能效应的切割导爆索根据开裂要求固定在战斗部壳体内壁上。切割导爆索一经起爆即可按切割导爆索在壳体内的布线图形，将战斗部壳体切开。

（5）径向应力波开舱。中心药管爆燃后，冲击波向外传播，既将子弹向四周推开，同时能够使战斗部壳体在径向应力波的作用下开舱。为了开舱可靠，一般在战斗部壳体上设若干纵向的断裂槽。

4.1.2 子弹的构造

子弹内部由子弹引信和战斗部组成，外部分为弹体、稳定飘带、稳旋翼片和泄压孔几个部分，如图4-1所示。子弹成串装配于母弹舱内，母弹开舱后，子弹分离，稳定飘带在空气动力作用下打开，稳旋翼片在扭簧驱动下张开，子弹外部结构主要作用如下：

图4-1 子母弹子弹外部示意图

（1）稳旋翼片。稳旋翼片的作用是在很短的时间内赋予子弹一个恒定转速，提高子弹下落的稳定性。

（2）稳定飘带。飘带为子弹引信差动远解机构提供工作的动力——极阻尼力矩。线形稳定带随相对子弹流动的空气是单根带摆动，气动力一致性好，并且对子弹的转速没有明显影响。同时，线形稳定带使得子弹仅有小攻角稳定，即飘带会调节子弹的姿态使其进入到稳定的小攻角下落状态，改善了子弹下落时的稳定性。

（3）泄压孔。提高子弹飞行稳定性的战斗部结构。

|4.2 风致振动式压电发电机|

4.2.1 风致振动式压电发电机工作原理

子弹药在开舱抛撒后受到一系列力和力矩的作用，在空中的运动状态如

图 4-2 所示。母弹发射后，母弹中的子弹与母弹一起飞行，到达预定位置后母弹开舱，将子弹抛撒出去。子弹出舱后，先高速飞行一段时间，在空气阻力作用下，逐步进入匀速下落阶段，直到子弹碰到目标引信作用使子弹爆炸，或未碰目标落地自毁。

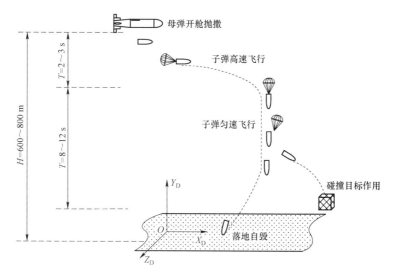

图 4-2　子弹下落过程示意图

　　子弹从母弹被抛撒出时，其姿态非常复杂，不能保证发电机在此状态下能够可靠发电；子弹在匀速下落阶段的落速范围为 35～50 m/s，飞行姿态稳定从而保证压电发电机具有发电能力。因此可以充分利用子弹从母弹中抛撒后的匀速下落环境，使安装于子弹外部的压电振子在风场中产生振动，利用压电材料的正压电效应，将振动能转换为电能，为子弹引信供电。

　　图 4-3 所示为压电振子的一种安装方式。振子的一端固定在子弹弹壁上，另一端处于自由状态。当子弹下落时，弹体周围所产生的气流流动方向与压电振子的长度方向平行，当风速达到振子的起振风速时，压电振子在风场中产生谐振。压电振子受力使压电材料上、下表面产生交变的电势差，经电源管理电路整流后，将电能储存在电容中，供引信电路使用。

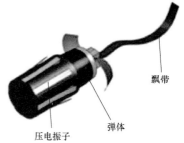

图 4-3　压电振子安装于弹壁上

　　综上所述，子弹药引信用压电发电机的工作条件及设计要求，如表 4-1

所列。表中 W 为压电悬臂梁的宽度，L 为悬臂梁的长度。

表 4 − 1 压电发电机工作条件及设计要求

尺寸要求	环境	子弹转速	持续时间	电容规格	电压要求
W：10～12 mm L：50～100 mm	35～50 m/s 风速	1 500～ 3 600 r/min	5 s	10 μF	5 V

此外，子弹与母弹飞行姿态不同，发电机的设计与安装必须要与子弹共形，才不会影响子弹的正常功能。

4.2.2 压电材料理论基础

1. 压电效应与压电方程

压电效应反映了晶体的弹性性能与介电性能之间的耦合。正压电效应是指有外力施加时，压电材料产生机械变形引起材料内部正负电荷中心发生相对移动而极化，在材料两端表面出现符号相反的电荷的现象，如图 4−4（a）所示，并且电荷密度与外力大小成正比。同理，逆压电效应指的是在压电元件两端表面通以电压，电场力使材料内部正负电荷中心产生相对位移，导致压电材料形变，如图 4−4（b）所示。

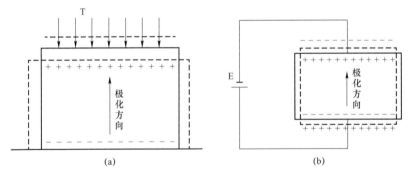

图 4−4 压电效应原理示意图
（a）正压电效应；（b）逆压电效应

压电方程是描述压电材料的压电效应本构关系的本构方程，变量包括压电体中电位移 D、应力张量 T、电场强度 E 和应变张量 S。在实际应用中压电材料的边界条件通常存在机械边界条件（机械自由和机械夹持）和电学边界条件（电学短路和电学开路），利用上述两种机械边界条件和两种电学边界条件可以得到四类不同边界条件。

（1）第一类压电方程。第一类压电方程的边界条件是机械自由和电学短路，用压电方程表示为

$$\begin{cases} D = dT + \varepsilon^T E \\ S = s^E T + \boldsymbol{d}^T E \end{cases} \qquad (4-1)$$

式中：d 为压电应变常数；ε^T 为恒定应力下的介电常数；s^E 为恒定电场强度下的弹性柔顺系数；$\boldsymbol{d}^T$ 为矩阵 $\boldsymbol{d}$ 的转置。

（2）第二类压电方程。第二类压电方程的边界条件是机械夹持和电学短路，用压电方程表示为

$$\begin{cases} T = c^E S - e^T E \\ D = eS + \varepsilon^S E \end{cases} \qquad (4-2)$$

式中：c^E 为恒定电场强度下的弹性刚度常数；e 为压电应力系数；ε^S 为恒定应变下的介电常数；e^T 为 e 的转置。

（3）第三类压电方程。第三类压电方程的边界条件是机械自由和电学开路，用压电方程表示为

$$\begin{cases} S = s^D T + \boldsymbol{g}^T D \\ E = -gT + \beta^T D \end{cases} \qquad (4-3)$$

式中：s^D 为恒定电位移时的弹性柔顺系数；g 为压电应变常数；β^T 为恒定应力作用下的介质隔离率；$\boldsymbol{g}^T$ 为 $\boldsymbol{g}$ 的转置。

（4）第四类压电方程。第四类压电方程的边界条件使机械夹持和电学开路，用压电方程表示为

$$\begin{cases} T = c^D S - \boldsymbol{h}^T D \\ E = -hS + \beta^S D \end{cases} \qquad (4-4)$$

式中：c^D 为恒定电位移下的弹性刚度系数；h 为压电应力常数；β^S 为恒定应变下介质隔离率；$\boldsymbol{h}^T$ 为 $\boldsymbol{h}$ 的转置。

2. 压电材料的机电转换类型

压电材料受到外界机械力作用时，会按照一定规律释放自由电荷。在广泛应用的四方晶系压电材料中，应变常数只有 d_{31}、d_{32}、d_{33}、d_{24}、d_{15} 不为零，其余分量都为零。根据压电材料的对称性，上述 5 个不为零的分量具有以下关系：$d_{31} = d_{32}$，$d_{24} = d_{15}$，因此，压电应变常数可以缩减为 3 个，即 d_{31}、d_{33}、d_{15}。对于同一种材料，$d_{15} > d_{33} > d_{31}$，最常用的两种转换类型是 d_{33} 和 d_{31}。虽然压电应变常数 d_{15} 最大，但是在实际使用过程中很难获得剪切应力，因此此类应用较少。

应当注意的是，对于高聚合物压电材料如 PVDF 压电薄膜，由于晶体类型的区别，PVDF 材料并不对称，即这种材料的 5 个压电系数之间没有相等关系，在应用时应当注意压电薄膜的这一不对称特性。

1）"d_{33}"模式

如图 4-5（a）所示，d_{33} 模式的主要贡献是其压电应变常数 d_{33}，其中第一个下角标 3 表示产生自由电荷的方向是 z 轴方向；第二个下角标 3 表示所受到的应力方向对应坐标 z 轴。这种机电转换模式多用于压电陶瓷压电堆叠结构，如图 4-5（b）所示。

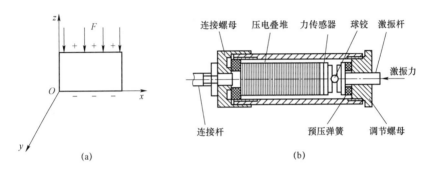

图 4-5　压电材料的 d_{33} 模式

（a）d_{33} 型机电转换；（b）压电陶瓷压电堆叠结构

2）"d_{31}"模式

与 d_{33} 模式相对应，d_{31} 模式发电原理是应力方向为 x 轴，电荷沿 z 轴分布。d_{31} 模式是应用较为广泛的一种转换模式。在这种模式下，压电材料的电极为平板式电极，外力方向与电荷方向垂直，如图 4-6（a）所示。d_{31} 结构的好处在于其容易在自然环境下发生共振，实际应用比较多。图 4-6（b）所示是一个 d_{31} 模式的压电发电装置。

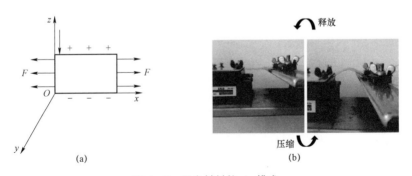

图 4-6　压电材料的 d_{31} 模式

（a）d_{31} 型机电转换；（b）d_{31} 模式压电发电装置

3. 压电材料的选择

压电材料是受到压力作用时会在两端面产生电荷的晶体材料，可分为天然和人造两种，天然的压电晶体不需要人工极化，本身具有电轴。人工制成的压电材料需要经过极化处理才具有压电性能。具体的处理方法是在一定温度条件下，对压电材料施加直流电场；去掉外电场，被极化对象内部仍存在很强的剩余极化强度，极化后表面出现束缚电荷，并在相应的电极表面上吸附等量异号的自由电荷，如图4-7所示。图4-7（a）中电畴排列无序，是极化前的压电材料；图4-7（b）所示为电场中压电材料内部电畴有序排列情况；图4-7（c）所示为去掉外加电场后压电材料的剩余极化。

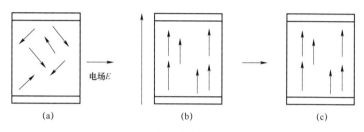

图 4-7　压电材料的极化处理

压电材料的种类很多，常用的压电材料包括压电陶瓷、压电单晶体、压电高分子聚合物、复合压电材料等，应用最多的是压电陶瓷 PZT 和压电聚合物材料 PVDF、e-Touch 等。几种压电材料性能对比如表4-2所列。

表 4-2　压电材料优缺点对比

材料	压电应变常数/ ($\times 10^{-12}$ C·N^{-1})	机电耦合系数 K_{33}	优点	缺点
PZT	200~500（d_{33}）	0.3~0.7	压电常数大、机电耦合系数高、成本低、工艺成熟	易碎、黏结性差
PVDF	17（d_{31}）	0.1~0.14	耐冲击、易黏结、高韧度、质轻	压电常数小
e-Touch	350（d_{33}）	0.06	易黏结，d_{33} 常数大	d_{31} 常数小温度范围小

上述三种材料中，PZT 材料柔性较差，在风场中不易发生较大变形的振动，根据子弹药的使用需求，不适合作为柔性悬臂梁材料安装在子弹上。下面分别采用 PVDF 薄膜和 e-Touch 材料制备压电悬臂梁，并对其性能进行对比分析。

4.2.3 压电振子的结构

一个完整的柔性压电发电机由悬臂梁形式的压电振子及电源管理电路构成，其中压电振子为能量转换元件，是发电机的核心部件。压电振子的构成及制作方法对发电机的输出特性和工作可靠性影响很大。

压电振子由压电材料、基底材料、黏结材料、电极及引线等几部分组成。

1. 单层压电材料振子结构

该种结构的压电振子由一层压电材料和一层基底材料组成，结构示意图如图 4-8（a）所示。

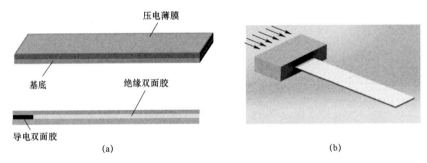

压电薄膜

基底　　　　绝缘双面胶

导电双面胶

(a)　　　　　　　　　　　　　　(b)

图 4-8　单层压电材料振子结构示意图

如图 4-8（b）所示，图中箭头表示风向。其发电原理是：将压电振子固定在钝体上，钝体处于恒定流速风场中。压电振子是弹性体，弹性体在流场中受到流体的作用，发生一定形变，同时弹性结构的变形也会向流场输出能量。二者之间能量相互转移，形成了一个正反馈系统。系统本身的负阻尼和流体动力产生的负阻尼相互叠加，称为描述系统所处环境的净阻尼。当净阻尼大于零时，系统是趋于稳定的。当净阻尼等于零时，系统处于临界点。当流体速度继续增加，净阻尼会减小到负值，这时系统由稳定进入不稳定状态，而这一流速称为临界速度。这种现象线性系统称为自激振动；非线性系统称为极限环振荡（LCO）。

进入非稳定状态后，系统产生较大的变形，能量不断地从周围的流体中输入到系统中，维持系统的振动。另外，系统的变形也向外输出能量，使流场的振动发生改变。这种自激并且可以自我保持的系统可以用来从周围环境中获取能量。利用这一原理设计的压电悬臂梁振子就可以实现风能向机械能的转化和传递。

振子振动导致压电材料受力并在正压电效应下将机械能转化为电能，在其上下表面产生电荷，通过电极引出并存储在储能装置中，从而实现机械能和电能之间的转换。

2. 多层压电材料串/并联结构

由于单层压电材料的输出电荷有限，为提高压电振子的输出，可以考虑将多层压电材料串联或并联后制成压电振子。下面研究压电材料串/并联结构对发电机发电性能的影响，具体包括压电材料层数、串/并联方式对发电性能的影响。以两层压电材料为例，串/并联结构如图 4－9 所示。需要注意的是，多层压电振子串/并联连接方法需要结合振动时中性层的位置和压电材料极化方向来确定。

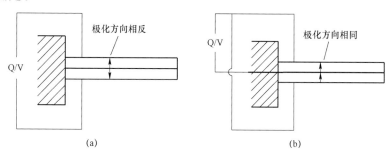

（a）　　　　　　　　　　　　　　（b）

图 4－9　压电振子串/并联结构示意图

（a）串联双晶片；（b）并联双晶片

3. 应力增大结构

如上所述，一定范围的风速将引起压电振子的受迫振动，导致压电振子产生弯曲变形，引起压电材料的应变和应力发生变化，最终导致压电材料的上、下表面产生电势差。因此，提高压电层内的应力分布，则可以达到提高压电振子输出电压的目的。

压电振子的几何形状、截面形状、质量分布及表面状况都会改变压电层内的应力分布，有可能对发电性能产生影响。研究表明，在压电材料体积相同的条件下，三角形压电振子能够有效改善表面应力分布，从而提高输出功率。理论推导显示，三角形压电振子的输出功率是矩形压电振子的 3.3 倍。同时有研究表明，压电振子的截面形状选择三角形能够有效提高发电效率。为压电振子增加末端质量也可达到提高输出电压、功率和电流的效果。

尽管增加末端质量和三角形压电振子的方法可有效提高压电振子的输出性能，但尺寸、安装位置和工作环境的限制使上述两种方法无法在子弹药上使用。为了增加柔性悬臂梁压电振子振动过程中表面的应力分布，在压电振子表面制作圆孔使悬臂梁在振动时产生应力集中现象，以达到提高发电量的目的。

4.2.4 柔性压电振子的制作

柔性压电振子是风致振动式压电发电机的核心部件，在一定尺寸及工作条件下，不仅应具有较高的输出功率，还应满足强度要求以保证压电振子在强风场中的工作可靠性。柔性压电振子结构简单，但是其制作过程中会用到很多不同的材料，如图 4-10 所示。

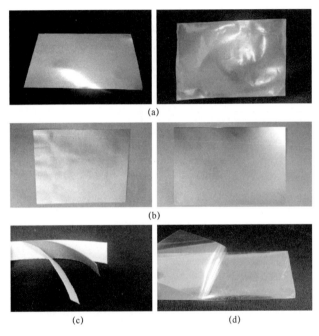

(a)

(b)

(c)   (d)

图 4-10　压电振子中所用的材料（彩图见附录）

图 4-10（a）所示为压电振子的基底材料。基底材料的作用是避免中性层在压电材料内部造成电能损失，同时通过自身变形使压电材料变形进而产生内应力，薄且具有良好柔度的金属及非金属均可以作为基底材料。金属基底，如304 不锈钢，柔性高、刚度大且材料很薄，是理想的基底材料。但是，由 304 不锈钢制成的压电振子在风场中摆动时容易产生折痕，会影响到压电层的正常工作。非金属基底，如聚四氟乙烯薄膜（PTFE），质量轻，耐高温，称为塑料之王。由 PTFE 材料制成的压电振子在摆动过程中不易损坏；另外，压电材料的表面是电极，如果使用金属材料作为基底就需要考虑绝缘的问题，而非金属基底则不需要考虑绝缘问题。这两种基底材料的性能对比将在 4.3 节中进行详细介绍。

图 4 - 10（b）所示分别为 e - Touch 压电材料和 PVDF 压电薄膜。两种材料的上、下表面都镀上了金属电极，因此能够从图中看出金属质感，两电极之间是压电材料。

图 4 - 10（c）所示为导电双面胶，柔性很高，在压电振子制作过程中作为电极引出电荷。

图 4 - 10（d）所示为超薄绝缘双面胶，绝缘双面胶非常薄（0.01 mm），其作用是将压电材料和基底材料固定在一起。

柔性压电振子的具体制作流程如下：

（1）压电片制作。将已选择的压电薄膜按所设计好的尺寸裁剪成所需形状，记为 A。裁剪时在压电片长边方向留出 8 mm 左右富余量，作为电极。例如，需要制作 50 mm × 10 mm 的压电振子，裁剪的压电片尺寸为 58 mm × 10 mm。清理所裁剪的压电晶片表面杂物，以便粘贴更加牢固可靠。裁剪过程中注意两点：一是压电材料的方向，前面介绍过压电材料 d_{31}、d_{32} 这两个压电系数不同，压电振子的长边的方向需要与其中较大压电系数方向一致，因为振动主要是弯曲振动，受到的内应力是沿着压电振子长边方向的；二是在裁剪和其余操作过程中保持双手洁净干燥，最好佩戴手套，防止汗液腐蚀压电材料表面金属电极。

（2）裁剪出比压电片稍大、形状相同超薄双面胶带，记为 B。清洁 304 不锈钢基底材料 C 表面，把 B 的一面（双面胶带两面均有胶）粘贴到基底材料 C 上。超薄双面胶带具有优良的粘贴性，能使压电片和基底粘接牢固。

（3）将压电片 A 粘贴到超薄双面胶带 B 的另一个表面上。注意：把 A 粘贴到 B 上时步骤（1）中预留出的 8 mm 压电材料不需要粘贴，这一部分的压电片和不锈钢基底之间是分开的，后续步骤做电极时会用到。

（4）沿着压电片的边缘裁剪步骤（1）～（3）中的结构，得到形状与压电片完全一致的复合层。

（5）将步骤（3）中预留出的 8 mm 处用导电双面胶将压电片与 304 不锈钢基底粘接在一起，同时固定一根导线在导电双面胶上。一个电极制作完毕。

（6）步骤（5）中采用双面导电胶带粘接的一端为固定端，在固定端的压电片表面粘贴导电双面胶并固定一根导线，作为第二个电极。再用普通透明胶带 D 将压电振子的固定端缠绕稳固。

（7）与固定端相对应的另一端成为自由端，实验过程中自由端会出现压电材料和基底材料被分开的状况，因此用透明胶 D 在自由端缠绕一圈，起到加固压电振子的作用。另外，缠在自由端的压电振子起到质量块的作用，对压电振子的发电能力有一定的促进作用。

|4.3 压电式发电机性能优化方法研究|

4.3.1 材料对压电式发电机性能的影响

压电振子主要由基底材料和压电材料构成。基底材料的作用是避免中性层处在压电材料所在位置从而造成电能损失，同时通过自身变形迫使压电材料变形进而产生内应力。本章研究过程中用到的基底材料有 304 不锈钢和 PTFE 薄膜。304 不锈钢带柔性高且材料很薄，是较为理想的基底材料。但是这种基底在振动过程中容易产生折痕，导致压电材料也产生折痕，而折痕的存在使压电振子整体的振动状态产生未知变化，对发电机的输出性能造成影响。PTFE 薄膜基底的优点是柔性高、延展性好，不易产生折痕；其劣势在于非金属基底弹性模量较低，在振动过程中能够吸收一部分能量，在传递形变方面，其效果没有金属基底好。另外，压电材料的表面是金属电极，基底材料如果选择金属需要考虑绝缘问题，而塑料基底则不需要。

1. 压电材料对发电性能的影响

分别采用 e-Touch 和 PVDF 压电薄膜两种材料作为发电机材料，通过测试对比来确定发电机最终使用的材料。这两种材料的上、下表面都镀有金属电极，两个电极之间则是被极化的压电材料，其主要性能参数如表 4-3 所列。

表 4-3 PVDF 和 e-Touch 性能参数

材料种类	厚度/μm	压电系数（PC/N）			弹性模量/Pa
		d_{31}	d_{32}	d_{33}	
PVDF	30，50	17±1	5±1	21	2.5×10^9
e-Touch	70	无	无	100～350	8.5×10^5

从表 4-3 中可以看出，在厚度方面 PVDF 压电薄膜比 e-Touch 材料薄，但 e-Touch 材料的压电系数 d_{33} 远高于 PVDF 压电薄膜。在表 4-3 中没有 e-Touch 材料的其他压电系数，是因为在实际应用中这种材料比较多用于声学、力学传感器，也可作为能量转换器核心元件，但是对外力的方向多沿着材料厚

度方向，利用的是压电系数 d_{33}。在应用环境中，压电振子主要利用振动过程中材料内部产生多个方向的应力，通过应力矩阵与压电系数矩阵的乘积决定最终产生的电荷总数，因此为了比较两种材料的发电量，需要通过实验来进行验证。

制作两个尺寸相同的压电振子，基底材料为 304 不锈钢，而压电材料分别为 e – Touch 材料和 PVDF 压电薄膜。利用如图 4 – 11 所示的鼓风机吹风实验观察其在风场中的振型以及输出电压、输出波形和频率等特性，再通过改变风速研究压电振子输出电压幅值随风速的变化情况。图 4 – 12 所示为两种材料压电振子输出电压随风速变化的曲线。

图 4 – 11　压电振子吹风实验装置系统

由图 4 – 12 可看出，在 50 m/s 风速范围内，e – Touch 材料制作的压电振子输出电压随风速基本不发生变化，可以推断在振动过程中材料内部的拉应力几乎没有沿着材料厚度方向分布，同时产生的沿着厚度方向的力的分量也较小。虽然输出波形不理想，但因为 e – Touch 材料的压电系数 d_{33} 非常高，存在输出电压很低但是输出电荷量很大的可能性，有必要连接电源管理电路，测量其对电容的充电特性。然而，在后续的实验中发现 e – Touch 材料在风场中振动时存在断裂情况。子弹实际下落过程中压电振子的振动比实验室模拟条件下更为剧烈，e – Touch 材料在子弹下落环境中断裂的可能性更高，这样的材料无法用在子弹药引信上。通过上述一系列实验，最终选择 PVDF 压电薄膜作为子弹药引信压电式发电机中使用的压电材料。

2. 基底材料对发电性能的影响

基底材料是压电振子中非常重要的组成部分，基底材料的作用是避免中性层位于压电材料所在位置，同时增大压电材料的变形。如图 4 – 13（a）所示，压电振子振动过程中中性层位于压电材料内部时，压电材料被中性层分成上、

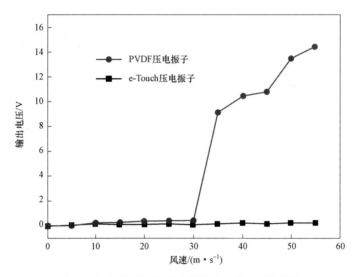

图 4-12　两种材料压电振子输出电压—风速曲线

下两部分，且两部分之间的电气连接为串联关系。图 4-13 中上、下两层产生电荷的方式均为上表面产生正电荷下表面产生负电荷，串联相接触的两个面上正、负电荷相互抵消，降低输出。然而，基底材料的存在则可以改变中性层在压电材料中的位置，使产生的电荷能得到充分地利用，如图 4-13（b）所示。

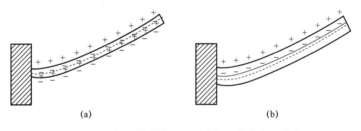

图 4-13　有/无基底情况下压电振子的中性层位置
（a）无基底情况；（b）有基底情况

　　304 不锈钢基底的优势在于其弹性模量较高，能够有效传递形变；其缺点在于金属材料柔度不够高，振动过程中容易出现折痕。非金属基底的优缺点与金属基底相反，非金属基底柔性高，刚度低，能够保护压电材料，并且非金属基底厚度不会对振动产生太大影响。但是，非金属基底在振动过程中自身会吸收一部分振动能用于形变，传递给压电材料的能量减少。对由 PTFE 和 304 不锈钢作为基底材料的压电振子进行了三组对比实验，每组中都包含两种压电振子，即尺寸相同的 PTFE 基底压电振子和 304 不锈钢基底压电振子，结构参数如表 4-4 所列。第一组和第二组所用压电材料厚度相同，区别在于振子的水平尺寸，两组对比实验是为了研究压电振子长度与基底材料之间的关系。第一组和第三组所用压电材料的厚度不同，水平尺寸相同，两组实验对比是为了研究不同 PVDF 材料与基底之间的匹配性。

表 4 – 4　三组压电振子结构参数

组别	基底材料厚度/mm	PVDF 压电薄膜厚度/mm	水平尺寸/mm
第一组	PTFE（0.075），304（0.01）	0.03	50 × 10
第二组	PTFE（0.075），304（0.01）	0.03	55 × 10
第三组	PTFE（0.075），304（0.01）	0.05	50 × 10

首先通过吹风实验观察两种基底的压电振子，其振动特性及输出电压波形如图 4 – 14 所示。PTFE 基底压电振子与金属基底振子相比，波形更为光滑，各周期的一致性要好，反映了 PTFE 基底压电振子振动更为平稳。

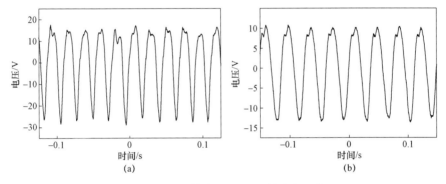

图 4 – 14　两种基底的压电振子输出电压波形
（a）金属基底；（b）非金属基底

观察实验前、后两种压电振子的表面，PTFE 基底压电振子的表面更为光滑，而 304 不锈钢基底的压电振子表面上有肉眼可见折痕。产生的原因是压电振子颤振幅度大频率较高，金属基底压电振子在振动过程中由于受到的风场力不均匀造成振动不规律，如突然的高频振动等，产生了折痕。

改变风场风速，得到不同基底情况下压电振子的风速—电压曲线如图 4 – 15 所示。图中黑色曲线代表 304 不锈钢基底压电振子，浅色曲线代表 PTFE 基底压电振子。从整体上来看，在相同结构参数下，由于 PTFE 基底压电振子的刚度小，因此其临界风速也明显小于 304 不锈钢基底压电振子。

图 4 – 15（a）和图 4 – 15（b）分别是长度为 50 mm 压电振子和 55 mm 压

电振子的风速—电压曲线，即第一组和第二组压电振子的实验情况。从图中的曲线可以看出，长度增加 5 mm 之后，304 不锈钢基底压电振子的输出没有发生太大变化，而 PTFE 基底压电振子受到的影响较大，长度增加后压电振子输出电压有显著降低。

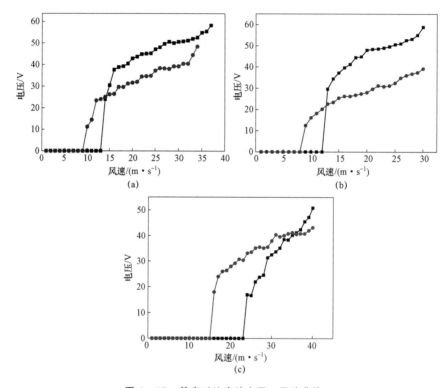

图 4-15 基底对比实验电压—风速曲线

（a）第一组压电振子对比；（b）第二组压电振子对比；（c）第三组压电振子对比

图 4-15（c）所示为 PVDF 压电薄膜厚度为 0.05 mm 的压电振子风速—电压曲线，即第三组压电振子的实验情况。当压电薄膜厚度变为 0.05 mm 时，PTFE 基底压电振子起振后输出电压高于 304 不锈钢基底压电振子。随着风速的增加，304 不锈钢基底压电振子输出电压超过 PTFE 基底压电振子。

除了上述区别之外，从结果中还能够看出，相同尺寸下，采用 PTFE 基底压电振子和 0.03 mm 厚的 PVDF 压电薄膜效果较好，304 不锈钢基底压电振子采用 0.05 mm 厚的 PVFD 压电薄膜效果较好。因此，如果在低风速时，可以优先考虑使用非金属基底、厚 PVDF 压电薄膜来制作压电振子。从实验结果可知，这样的压电振子不仅具有较低的临界风速，同时能够产生较大的电量。

4.3.2　结构对压电式发电机性能的影响

上述在压电振子结构设计中，初步分析采用应力增大结构有助于提高压电振子发电发电量，本节将对该结构对发电机性能的影响作详细分析。

压电振子在弯曲振动时靠近固定端的应力值最大，而靠近自由端的应力很小，同时根据压电方程，压电振子的输出电能正比于结构上各微元受到的应力总和。有效分布应力并在保证压电振子强度条件下尽可能提高结构内部应力对于提高输出有重要作用，这里采用打孔的方式使压电振子内部产生应力集中从而达到产生更多电荷的目的。由于制作工艺的限制，在每个压电振子上只打一个圆孔，不同压电振子上圆孔距压电振子自由端的位置不同，如图 4－16 所示。

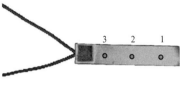

图 4－16　压电振子打孔位置

1. 打孔压电振子的力学性能分析

压电振子的尺寸为 50 mm × 10 mm，变量为孔的位置和圆孔孔径。图 4－19 中数字 1、2、3 所示为孔的三个位置，三个位置与自由端的距离分别为 15 mm、30 mm、45 mm，孔径为 1 mm、1.5 mm、2 mm、2.5 mm、3 mm 5 种尺寸。

1）静力学分析

静力学分析的目的主要是研究孔的位置对压电振子表面平均应力的影响规律，对于应力分布影响最大的因素是孔的位置，而孔径的影响不大。

在压电振子上打一个孔径为 2 mm 的圆孔，圆孔中心距自由端的位移为 5 mm × i（i = 1，2，…，9），计算时在压电振子表面加载 0.25 Pa 的压力，进行静力学仿真。计算结果如表 4－5 所列，$\bar{s}$ 表示压电振子表面的平均应力。

表 4－5　圆孔位置对压电振子平均应力的影响

i	无孔	1	2	3	4	5	6	7	8	9
$\bar{s}$/MPa	0.165	0.174	0.174	0.176	0.177	0.179	0.178	0.180	0.189	0.207

利用表 4－5 所列数据绘制圆孔位置对压电振子平均应力的影响规律曲线，如图 4－17 所示。由图可以看出，圆孔位置对平均应力影响的大致规律为：孔的位置越靠近压电振子的固定端，平均应力则越大。但是，这并不意味着孔越靠近固定端越好，如图 4－18 所示，当孔的位置与固定端十分接近时，在圆孔周围产生很大的集中应力，容易超过材料的强度范围，造成压电振子断裂，因

此打孔位置不应该选择太靠近固定端。

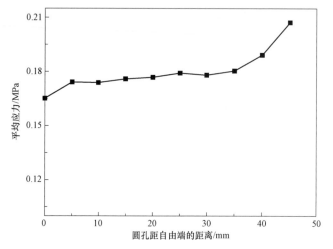

图 4-17　圆孔位置对平均应力的影响

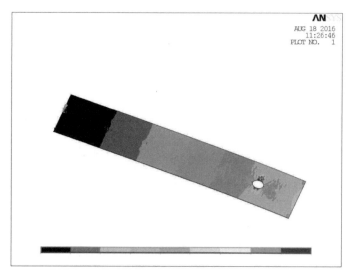

图 4-18　圆孔靠近固定端时的应力分布

2）模态分析

通过仿真分析可得压电振子模态，其一、二、四阶为弯曲振动，三阶为弯扭振动，结果如表 4-6 所列。在仿真分析中发现，孔径对谐振频率的影响不大，而圆孔位置对谐振频率影响较大。表 4-6 中所列为不同打孔位置下压电振子的各阶谐振频率，从表中可以看出，圆孔位置越靠近固定端，频率下降得越多。

表 4-6　不同打孔位置的谐振频率

圆孔位置	无孔	1 号位置	2 号位置	3 号位置
一阶谐振频率/Hz	10.57	8.78	8.55	8.35
二阶谐振频率/Hz	66.1	53.83	53.3	53.06
三阶谐振频率/Hz	84.99	78.44	77.2	76.6
四阶谐振频率/Hz	185.61	150.92	150.3	149.5

　　通过静力学分析和模态分析可知，通过在压电振子上制作圆孔的方式，使压电振子表面产生应力集中现象，在相同载荷作用下可使压电振子表面的平均应力增加；圆孔还能够降低压电振子的谐振频率，使其对起振的临界风速要求降低。但是，圆孔造成的应力集中使结构的强度降低，有可能影响到其使用寿命。因此，需要对带有圆孔的压电振子进行疲劳分析，从理论上分析应力集中压电振子是否符合压电发电机的使用需求。

　　3）疲劳分析

　　疲劳损伤发生在受交变应力（或应变）作用的零件和构件，零件和构件在低于材料屈服极限的交变应力（或应变）的反复作用下，经过一定的循环次数以后，在应力集中部位出现裂纹，裂纹在一定条件下扩展，最终突然断裂，这一失效过程称为疲劳破坏。在结构失效之前交变应力作用的次数称为疲劳寿命，疲劳寿命可以用于检测打孔压电振子能否在子弹下落时间内可靠工作。

　　在对带圆孔压电振子的疲劳分析中，采用安全系数 2，根据国家标准，在屈服强度条件下的规定安全系数为 1.5。由于子弹药引信用压电发电机在实际工作环境中遇到的不确定因素较多，工作环境更为恶劣。因此，分析时采用最小安全系数 2，即在安全系数大于 2 的条件下，分别计算不同结构能够经受的最大循环加载次数。当加载超过一定次数时，安全系数会小于 2，此时认为压电振子工作不可靠。

　　仿真中材料为 304 不锈钢和 PVDF 压电薄膜。由于 PVDF 压电薄膜具有高柔性、高机械强度及韧度，同时柔性塑料材料的疲劳分析参数难以获取，在进行疲劳寿命分析时没有考虑 PVDF 压电薄膜对于整个结构寿命的影响，即将其疲劳应力调高。

　　根据高速摄影中拍摄到的压电振子振动过程中的变形，沿着压电振子长度方向的压强变化曲线如图 4-19（a）所示，其中横轴表示的是距离压电振子固定端的位置，纵轴表示在某一点作用的压强大小。在图 4-19（a）所示外载荷作用下，压电振子的振型如图 4-19（b）所示，属于二阶振型，变形情况与吹风实验中高速摄影所拍摄到的变形情况近似。通过这种变形近似的方法模拟实际风场中压电振子受到的外力。所加外载荷是交变的，频率为 70 Hz，与吹风实验中压电振子的振动周期一致，即在其二阶振动的固有频率附近。

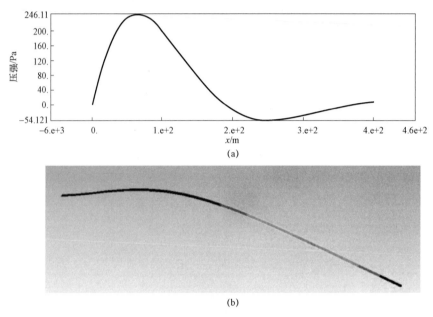

图 4-19　疲劳分析加载曲线与压电振子变形结构（彩图见附录）
（a）压强变化曲线；（b）压电振子振形

　　仿真结果用安全系数内的循环次数表示，图 4-20 所示为在给定加载和变形条件下结构中的应力分布云图，图中左侧条形图颜色代表了不同的应力，从从上到下逐步增大，安全系数逐渐降低。应力分布云图中，颜色越接近条形图下方颜色代表安全系数越低。

　　疲劳分析结果如下：

　　（1）无孔压电振子的循环加载次数为 282 070 次，图 4-20 中应力分布都在许用安全系数范围内。

　　（2）圆孔在 1 号位置时，压电振子的循环加载次数为 266 880 次。相比于无孔压电振子，寿命有了一定程度的降低，但没有产生集中应力。

　　（3）圆孔在 2 号位置时，压电振子的循环加载次数为 229 520 次，明显低于无孔压电振子。从应力分布云图看出，孔周围产生了较大应力，使安全系数线发生了弯曲，但是仍在许用范围之内。

　　（4）圆孔在 3 号位置时，压电振子的循环加载次数为 40 009 次，疲劳寿命下降显著，孔周围产生的集中应力很大，低于许用安全系数，说明根部有孔的压电振子薄弱环节在圆孔处。若该压电振子在子弹药引信中使用有可能在子弹

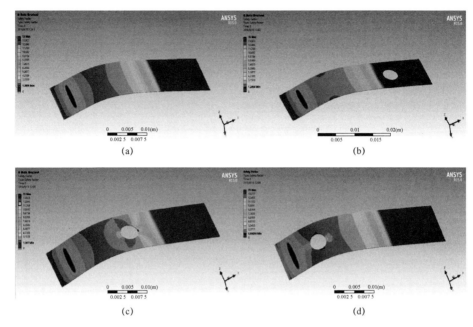

(a)　(b)

(c)　(d)

图 4-20　疲劳寿命分析（彩图见附录）

下落过程中压电振子从根部断裂。

　　虽然打孔压电振子疲劳寿命有所降低，但需要分析降低的程度是否对使用产生影响。假设压电振子在子弹下落过程中的振动频率维持在 70 Hz 左右，下落时间为 15 s，则压电振子在这一期间的振动次数是 1 050 次。对比上述的疲劳分析结果可知，这三个打孔位置的振子其疲劳寿命均远大于 1 050 次。但是，考虑到压电式发电机的实际工作环境复杂，振动姿态可能与仿真分析和实验模拟不同，振动次数难以精确计算；另外，孔的位置容易成为结构断裂的位置，断裂后的压电式发电机无法保证输出电能，因此排除 3 号位置。

　　根据仿真分析可知圆孔对于提高压电振子的平均应力贡献很大，选择合适的位置打孔不会影响压电振子的使用寿命。此外，打孔后的压电振子其临界风速降低，在低风速环境中压电振子就能起振。下面将对应力集中压电振子的电性能进行实验研究。

2. 应力增大压电振子与普通平直压电振子发电性能比较

　　由上面的仿真结果可知，带有圆孔的压电振子与未打孔压电振子相比，刚度有所降低，在圆孔周围产生集中应力，使压电振子表面的整体平均应力提高。从理论分析可知，在实验中打孔压电振子的临界风速比未打孔时低，并且相同风速时产生的电压更高。

如上所述，由于制作难度的限制，研究过程中在每个压电振子表面只打一个圆孔，改变圆孔中心的位置，圆孔中心距自由端的距离分别为 15 mm、30 mm、45 mm。因此在实验中，将压电振子的水平尺寸制作为 55 mm × 10 mm，PVDF压电薄膜厚度为 0.03 mm，304 不锈钢金属基底厚度为 0.01 mm。首先选择圆孔中心位置距自由端 30 mm，圆孔直径为 2 mm 的压电振子进行实验。对有孔压电振子和无孔压电振子进行吹风对比实验，结果如图 4-21 所示。图 4-21（a）所示为风速—电压曲线，图 4-21（b）所示为风速—频率曲线，图中浅色曲线代表带有圆孔的压电振子，黑色曲线代表无孔压电振子。

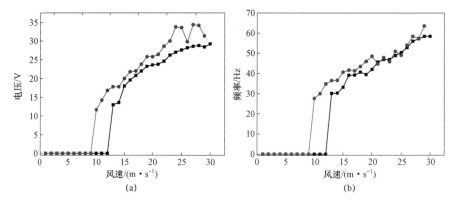

图 4-21　有孔的压电振子和无孔的压电振子电压、频率对比
（a）风速 - 电压曲线；（b）风速 - 频率曲线

由图 4-21（a）可见，有孔的压电振子，其临界风速约为 8 m/s，而无孔的压电振子的临界风速约为 12 m/s，对比两条曲线，能够看出两种压电振子开始振动后，在相同风速下浅色曲线略高于黑色曲线，这说明打孔后压电振子的发电性能优于未打孔的压电振子。当风速上升为 23 m/s 时，带有圆孔的压电振子会出现振动失稳现象，限制了其在高风速场合中的使用范围。

由图 4-21（b）可知，两种压电振子的输出电压信号的频率在临界风速处发生突变，随着风速的增加成近似线性变化。同样，在风速达到 23 m/s 左右时，带有圆孔的压电振子输出电压信号频率不再稳定增加而是出现波动。但是从压电振子开始振动到进入失稳风速的区间内，带有圆孔的压电振子的发电性能优于无孔的平直压电振子。

3. 圆孔位置对发电性能的影响

由前面仿真分析可知，圆孔的位置对压电振子的平均应力影响较大，基本上圆孔越靠近固定端，平均应力则越大。为研究圆孔位置对压电振子发电性能的影响，制作了三种压电振子，与自由端的距离分别为 15 mm，30 mm，45 mm。压电振子水平尺寸为 55 mm × 10 mm，PVDF 压电薄膜厚度为 0.03 mm，304 不锈钢基底厚度为 0.01 mm，孔径选择 2 mm。当风速为 20 m/s 时，测得三种压电振子的输出电压波形如图 4 - 22 所示。

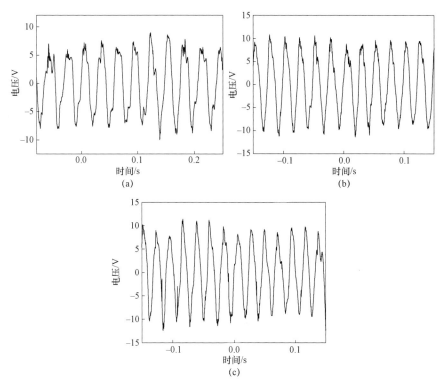

图 4 - 22 不同打孔位置压电振子的输出电压波形图

（a）15 mm；（b）30 mm；（c）45 mm

图 4 - 22 中显示带有圆孔的压电振子，输出电压波形与未打孔平直振子相比，都是近似正弦波的交流信号，没有因为孔的存在影响到压电振子的振动情况。并且在相同条件下，圆孔位置距自由端 15 mm 的压电振子输出电压峰—峰值最低，圆孔位置距自由端 45 mm 的压电振子输出最高，这与静力学分析结果一致。

改变风速，得到三种压电振子的风速—电压峰 - 峰值曲线，如图 4 - 23 所示。圆孔距自由端 15 mm、30 mm、45 mm 的三个压电振子的临界风速分别约为 9.6 m/s、8.3 m/s、7.5 m/s，这说明圆孔位置靠近固定端会使压电振子在风场中更容易起振。但同时注意到，这三种压电振子的临界风速差别并不大。这一结果与模态仿真分析中三种压电振子的谐振频率仿真结果一致。

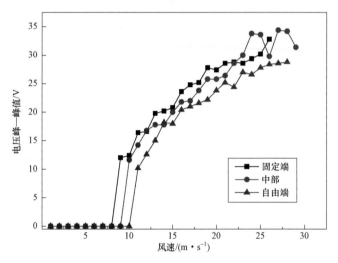

图 4 - 23　三种带有圆孔的压电振子风速—电压峰 - 峰值曲线

接下来将这三种压电振子与电源管理电路相连，测试发电机对 10 μF 电容的充电情况。风速为 20 m/s 时，对 10 μF 电容的充电结果如图 4 - 24 所示。图中三条带有圆孔的压电振子的充电曲线差别不大，圆孔位置距固定端最近的压电振子充电速度最快，而且最终充电电压与其他两个带有圆孔的压电振子几乎一样，而未打孔压电振子的充电速度最慢且最终电压值明显低于三个打孔的压电振子。分析其原因为：随着电容两端电压的增加，漏电流随之增加，当压电

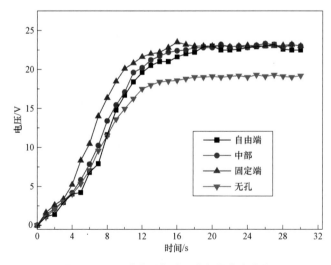

图 4 - 24　三个位置打孔压电振子充电曲线

振子的充电速率基本达到漏电速率时电压不再增加，在相同条件下未打孔压电振子的输出电能功率低于有孔压电振子，所以最终充电电压较低。

4. 圆孔直径对发电性能的影响

虽然在仿真分析中可知孔径对于压电振子的力学性能影响不大，但是考虑到风场中受力情况的复杂性，依然需要通过实验验证上述理论分析的正确性，以便选择最合适的圆孔直径。

分别对距离自由端 15 mm、30 mm 和 45 mm 的三个位置，圆孔直径分别为 1 mm、1.5 mm、2.0 mm、2.5 mm、3.0 mm 时对压电振子发电性能的影响进行了实验研究，实验结果如图 4-25～图 4-27 所示。

图 4-25 所示为圆孔中心距自由端为 15 mm 时的实验结果。

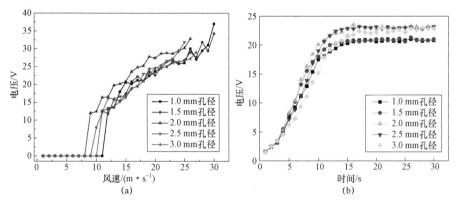

图 4-25　圆孔直径对发电性能的影响（圆孔距自由端 15 mm）
（a）风速—电压曲线；（b）充电特性曲线

从图 4-25（a）所示的风速—电压曲线中可以看出，圆孔直径增大会使临界风速降低，但从实验结果中来看，降低的幅度并没有明显规律。这是因为压电振子的制作精度及圆孔直径都会对临界风速产生影响。孔径不同的这些压电振子的相同之处是：当风速大于 25 m/s 时，压电振子在振动过程中有产生失稳的可能性。

通过对风场中压电振子摆动情况的观察发现，在距离自由端 15 mm 处打孔的压电振子，其振动情况相较于未打孔压电振子发生了较为明显的变化，在风速逐渐增大的过程中，3 mm 孔径的压电振子没有观察到明显的一阶和二阶振动，而是比较混乱的振动。分析其原因是：压电振子的自由端振动幅度较大，而 3 mm 孔径偏大，这种结构对压电振子及其所处流场中的压力变化影响比较大，因此造成了振动的紊乱。

图 4 – 25（b）所示为不同孔径压电振子对电容的充电曲线，图中曲线有一些差别，但是这些差别没有固定规律，可能是制作过程带来的差异，这也说明了圆孔直径对压电振子的发电性能影响较小。

30 mm 和 45 mm 处打孔的压电振子的实验结果如图 4 – 26 和图 4 – 27 所示。同样，在这两个位置打孔，孔径对压电振子的发电性能影响不大。

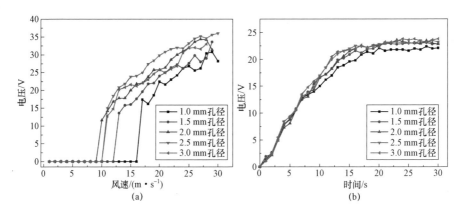

图 4 – 26 圆孔直径对发电性能的影响（圆孔距自由端 30 mm）

（a）风速—电压曲线；（b）充电特性曲线

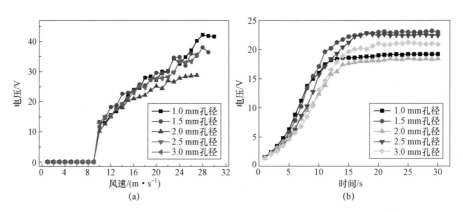

图 4 – 27 圆孔直径对发电性能的影响（圆孔距自由端 45 mm）

（a）风速—电压曲线；（b）充电特性曲线

根据上述对带有圆孔的压电振子的力学特性及发电性能的分析，可得到如下结论：

（1）打孔可使压电振子产生应力集中，可以提高发电量。

（2）圆孔位置对压电振子的力学性能及发电性能的影响都比较大。

（3）圆孔直径对于压电振子的各项性能影响较小。

（4）考虑压电振子振动稳定性和输出电能最大，孔的位置应选择在梁的中部。

4.3.3　压电式发电机与子弹药引信外形匹配

实际使用时压电振子需要安装于子弹外部，与子弹药共形。子弹的截面为圆形，压电振子在风场中的振动情况也会因安装位置的不同而发生变化。压电振子在子弹上可用的安装位置主要有弹壁、子弹头部旋翼内和飘带 3 个，如图 4－28 所示。

图 4－28　压电振子在子弹上的 3 个安装位置

1. 弹壁安装方式

将压电振子直接固定在子弹外壁是最简单的安装方式，根据安装方向可分为两种情况，如图 4－29 所示。在图 4－29（a）所示的安装方式中，悬臂梁固定在子弹尾部，自由端朝向子弹头部，风由子弹尾部吹拂，压电振子顺风振动；而图 4－29（b）所示的安装方式，悬臂梁固定在子弹中部，自由端迎风，当风速较大时，自由端翻折朝向子弹头部。

将压电振子按照如图 4－29 所示的位置固定在子弹弹壁上，通过吹风实验，记录两个压电振子在风场中的输出电压，如图 4－30 所示。从图 4－30（a）所示的输出波形中可以看出，图 4－29（a）所示安装方式的压电振子，其输出波形的负半波幅值较大，而正半波几乎为零，这说明由于弹壁的影响，压电振子的运动受到了限制；图 4－30（b）所示的输出波形与未受子弹弹形约束的压电振子输出情况类似，但是压电振子在风场中自由端翻折过来，在其根部产生了很大的应力集中，实验后能够看到该压电振子根部有明显折痕，可能造成压电

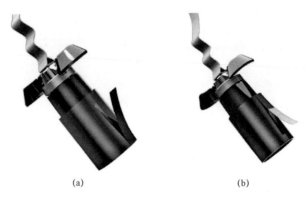

图 4-29　弹壁安装方式示意图

（a）顺风安装方式；（b）迎风安装方式

振子在发电过程中失效。基于上述实验结果，子弹外形影响了压电振子的正常输出，压电振子不适合安装在子弹弹壁上。

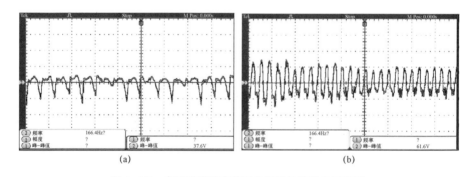

图 4-30　在子弹弹壁安装压电振子的输出电压波形

（a）顺风安装时的输出电压波形；（b）逆风安装时的输出电压波形

2. 固定在子弹头部

　　子弹头部结构较复杂，功能性部件多，但是在储运或母弹开舱之前，子弹串联在一起，头部受到很好的保护，是理想的安装部位。压电振子在子弹头部有两种固定方式，如图 4-31 所示。压电振子一端利用固定旋翼的螺钉固定在引信外壳上；另一端自由。

　　在装配时，图 4-31（a）所示的压电振子覆盖住飘带后，自由端被另一端的旋翼约束；子弹抛撒后旋翼打开，压电振子的自由端脱离约束，在风场中振动发电，如图 4-31（b）所示。图 4-31（c）所示的压电振子在装配时需要预先卷起来隐藏于旋翼下；旋翼打开后振子卷弹开，在风力的带动下进行振动，

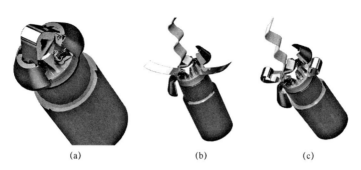

图 4 – 31　压电振子在子弹头部的两种安装方式示意图

（a）覆盖飘带安装；（b）振子被释放；（c）预卷振子

振动时自由端仍然是卷曲的。

由图 4 – 31 可知，压电振子安装在子弹头部有两种安装方式：一种是在平时覆盖住飘带，其展开后是平直的；另一种在安装时需要预先卷曲起来，并利用旋翼进行限制，振子卷展开后，其自由端仍然保持卷曲状态。因此，这两种压电振子尽管在结构及尺寸上是相同的，但由于它们在振动时的状态不同，其力学性能及发电性能也存在着差异。

采用 ANSYS 软件对平直和预卷压电振子进行了模态分析和谐响应分析，结果如图 4 – 32 和图 4 – 33 所示。

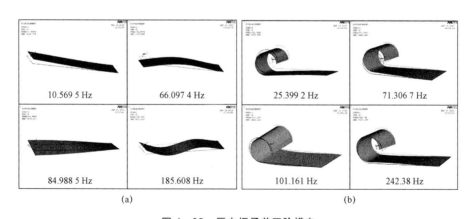

10.569 5 Hz	66.097 4 Hz	25.399 2 Hz	71.306 7 Hz
84.988 5 Hz	185.608 Hz	101.161 Hz	242.38 Hz

（a）　　　　　　　　　　　　　　　　　　（b）

图 4 – 32　压电振子前四阶模态

（a）平直压电振子；（b）预卷压电压振子

由图 4 – 32 可以看出，平直压电振子一阶振动为单曲弯振动，二阶为双弯曲振动，三阶为单弯扭振动，四阶为三弯曲振动；预卷压电振子一、三阶为弯曲振动，二、四阶为扭转振动，而且各阶频率比平直压电振子相应阶数的频率

要高。由此可以得出结论：预卷的处理方式增加了结构的刚度。刚度高的结构
能够承受更大的风载荷，适用于高风速场合。两种安装方式都存在弯扭振动模
态，在实际应用中应当尽量避免，因为弯扭变形对压电振子的结构损伤较大，
容易降低压电振子寿命。

由图 4-33 压电振子谐响应分析结果可以看出，对于平直压电振子，在前
四阶谐响应中，只出现了三个尖点，分别对应一、二、四阶振动，而三阶振动
并未出现尖点，这表示弯扭振动状态下压电振子的输出电压很低。虽然图 4-33
中第四阶振动处输出电压较大，但是出现四阶振动对激励的要求很高，需要很
高的风速才能实现，在实际使用中通常最大风速约为 50 m/s，所以主要发电是
由一、二阶振动所贡献；对于预卷压电振子，与平直振子类似，在弯曲振动谐
振频率点处有尖点。其中三阶谐振点处电压输出最高，从仿真结果能够推断出，
当预卷压电振子的振动频率在 101 Hz 左右时，其输出电压可达到最大值。同时，
图中四阶振动对应频率点处也有电压输出，在仿真中通过动画视频能看出四阶
振形和二阶振形不同。四阶振动是双扭振动，而二阶振动是单扭振动，由于振
动形式的不同，导致二阶振动无电压输出而四阶振动有输出。

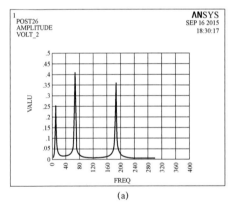 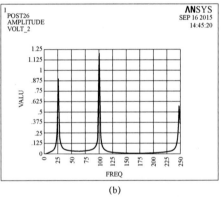

图 4-33　压电振子谐响应分析
（a）平直压电振子；（b）预卷压电振子

在上述对平直压电振子和预卷压电振子力学特性分析基础上，通过吹风实
验对两种形式的压电振子电输出特性进行进一步测试和分析。

图 4-34 所示为结构尺寸相同的平直压电振子和预卷压电振子在相同风速
下的输出电压波形图。从图中可以看出，预卷压电振子输出波形与平直压电振
子一样，都是近似正弦波的交流信号，而且预卷压电振子输出电压的幅值大于
平直压电振子，同时预卷压电振子的输出电压频率也高于平直压电振子。

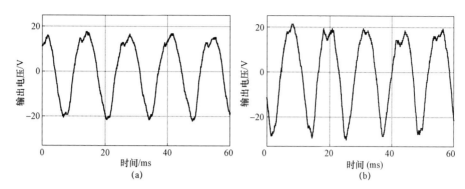

图 4-34　平直压电振子与压电振子输出电压波形

（a）平直压电振子输出；（b）预卷压电振子输出

改变风场风速,得到两种压电振子在不同风速下的输出电压曲线,如图 4-35 所示。图中浅色曲线代表预卷压电振子,黑色代表平直压电振子。预卷压电振子的临界风速约为 25 m/s,平直压电振子的临界风速约为 20 m/s,并且预卷压电振子开始振动后电压随风速的增加而变化的速度很快,短时间内就超过了平直压电振子。同时,在实验过程中发现,预卷压电振子在较高风速下还能维持平稳振动,而平直压电振子的失稳风速则低于预卷压电振子。

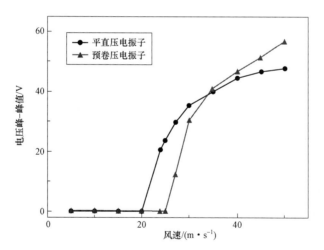

图 4-35　预卷压电振子与平直压电振子风速—电压峰-峰值曲线

以上的电性能基础实验结果表明,预卷压电振子的发电性能优于相同材料和尺寸的平直压电振子。

为进一步分析两种压电振子的电性能,将压电振子的输出通过电源管理电路对 10 μF 电容的充电情况。图 4-36 所示为在 40 m/s 的风速下对 10 μF 电容的充电曲线。从图中可以看出，预卷压电振子的充电性能略优于平直压电振子，充电速度更快，说明预卷压电振子的发电性能要优于平直压电振子。

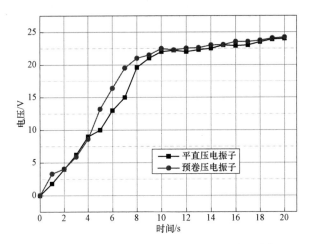

图 4-36　平直压电振子与预卷压电振子充电曲线

通过上面的分析和测试，可得到如下结论：

（1）模拟实验结果表明，将压电振子安装于子弹头部的两种方式，发电机均能够可靠发电，压电振子振动不受子弹外形的影响。

（2）相比于平直压电振子，预卷压电振子具有更高的刚度，能够在更高风速环境中正常工作。

（3）预卷压电振子的发电性能优于平直压电振子。

预卷压电振子也有其自身的缺点：工程化安装时程序比较烦琐，若卷筒的直径较大，当旋翼闭合时容易在压电振子表面留下压痕，压电振子展开时表面会留下多个折痕，影响其振动和发电性能。

4.4　风致振动式压电发电机应用研究

4.3 节通过理论、仿真、鼓风机吹风实验对风致振动式压电式发电机的特性进行了分析和测试，该类型发电机主要是应用于子弹药引信，子弹药在下落过程中的姿态、转速等都会对压电振子的工作性能产生影响，而在上述的分析中，并没有更多地考虑这些实际应用环境。另外，在上述的测试中采用鼓风机吹风方式开展的实验，主要是对发电机定性测试和分析，没有很好地反映其在实际使用（子弹下落环境）时的特性。因此，本节将结合风洞实验方法，进一步分析发电机在实际应用环境下的特性。

4.4.1　实验装置与方法

上述的鼓风机加载实验平台具有体积小、操作简便等优点，适合在实验室条件下使用。但是，受到吹风口尺寸的限制，产生的均匀风场范围较小，只能用于压电振子的定性研究。进行子弹药下落环境的模拟时，需要在风场面积较大、气流均匀、速度可控的环境中进行，本节采用 F0 - 45A 系列风洞实验装置进行风速加载，如图 4 - 37 所示。

（a）

（b）

图 4 - 37　F0 - 45A 系列风洞

图 4 - 37（a）是风速控制部分，能够控制 0～55 m/s 风速的连续变化，分辨率为 1 m/s；图 4 - 37（b）是风洞口，竖直向上，洞口直径为 400 mm。风洞口有压差风速仪，可时刻监控风速，压差风速仪可以根据使用需求调整位置。该风速加载装置的特点是：均匀风场范围大，可以实现风速的可控连续变化，风速均匀稳定。

实验时，先用爪形夹具将安装有压电振子的子弹固定，安装在固定于风口边的三维调整架上，如图 4 - 38（a）所示，再将三维调整架通过磁力座固定在风洞口边缘。爪形夹具能够调整子弹在风场中的攻角（弹轴与来流之间的夹角），

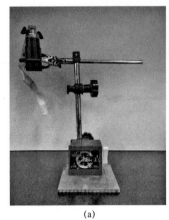

(a)   (b)

图 4 – 38   子弹固定方式
（a）攻角模拟；（b）旋转模拟

进行攻角对发电性能影响的测试。子弹本身被爪形夹具固定，因此不能模拟实际下落过程中子弹旋转的状态。在进行子弹旋转的模拟时，将子弹飘带固定在三维调整架伸出的臂上，如图 4 – 38（b）所示，此时子弹的旋转不受限制。通过合理调整飘带固定方式，可以减小子弹在实验过程中所受到的实验装置的影响。

为了验证鼓风机加载装置和风洞加载装置实验结果的一致性，制作结构尺寸相同的压电振子分别在 F0 – 45A 系列低速风洞和鼓风机测试装置中进行实验，记录风速—电压曲线以及示波器所显示波形。实验结果显示，两种风速加载装置下压电振子输出结果基本相同，表明本节有关压电振子定性实验部分的结果是可信的。

4.4.2   子弹攻角与旋转角对压电振子发电性能的影响

1. 攻角与旋转角

子弹药在实际下落过程中弹轴不一定始终与地面保持垂直，大多数情况下存在一个攻角，即子弹弹轴与地面法线方向之间的夹角。攻角的存在导致安装在子弹头部两侧的两个压电振子在风场中受力情况不同，同时子弹下落旋转过程中压电振子所处的位置也在不断发生改变，这对压电振子的振动和输出性能都有一定影响。如图 4 – 39 所示，定义弹轴与法线方向之间的夹角为攻角，用 θ 表示，根据调研，子弹药攻角范围为 $0°\sim20°$。定义子弹绕弹轴本身的旋转角度为旋转角，用 α 表示，旋转角范围为 $0°\sim360°$。

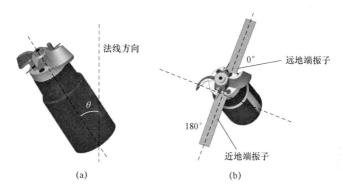

图 4 - 39　旋转角和攻角示意图

（a）攻角；（b）旋转角

由于攻角的存在，子弹的旋转会使两个压电振子，一个比另一个更靠近地面，即攻角的存在使两个压电振子不在一个水平面内。将一个压电振子称为远地端振子（极限情况 $\alpha = 0°$），另一个压电振子称为近地端振子（极限情况 $\alpha = 180°$），如图 4 - 39（b）所示。由于子弹旋转，远地端和近地端交替发生改变。这里通过实验方法，改变攻角和旋转角，确定压电振子发电量最低时的位置，如果在这个位置上，压电振子输出的电量满足子弹药引信使用要求，则在其他位置的压电振子其输出也一定满足使用需求。

2. 有效振动长度理论计算

有效振动长度指压电振子能够直接暴露在风场中的长度。在实际情况中，由于子弹存在旋转角和攻角，会挡住一部分压电振子，虽然压电振子整体依然保持振动，但其在风场中受力的面积会受到影响，从而对压电振子的输出性能造成影响。因此，定义压电振子在风场中的振动长度作为有效振动长度，研究子弹攻角与自转对柔性压电式发电机发电性能的影响。

实验中，子弹前端直径为 36 mm，尾端直径为 30 mm，弹长 80 mm。压电振子尺寸为长 40 mm，宽 10 mm，厚 0.05 mm。

根据上面的分析，建立数学模型并进行计算，可以得到有效长度 L 与攻角 θ 与旋转角 α 之间的近似关系：

$$L = L_1 - L_2 = L_1 - \frac{\sqrt{1\,600\cos\alpha^2\sin\theta^2 + r_1^2}}{\sqrt{1 - \cos\alpha^2\sin\theta^2}} \quad （4 - 5）$$

式中：L_1 为压电振子总长度；L_2 为子弹遮挡压电振子的长度；r_1 为子弹尾端半径。

将式（4-5）在 MATLAB 中绘制，如图 4-40 所示。从图中可以看出，当攻角 θ 一定时，有效长度随旋转角 α 的变化速度很快，而在相同旋转角时，有效振动长度随着攻角的增大而减小，但这种变化比较缓慢。当攻角 θ 较大时，可能会出现压电振子整个被子弹挡住的情况，但是在实际情况中由于飘带的存在，子弹的下落姿态将会被调整，从而达到小攻角稳定。

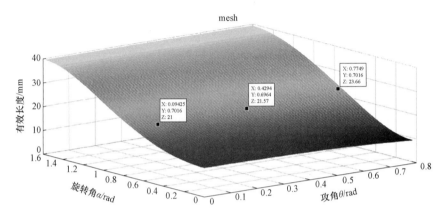

图 4-40　有效长度与子弹旋转角 α 和攻角 θ 关系图

3. 实验结果

通过实验观测压电振子安装在子弹上时的振动情况，以及在不同旋转角和攻角情况下压电振子的电压输出情况。实验时，攻角 θ 的变化范围为 0°～45°，每次的变化间隔 5°；旋转角 α 的变化范围 0°～180°，变化间隔为 45°；实验风速为 40 m/s。

在实验过程中，通过高速摄影获取压电振子在风场中的振动情况。图 4-41（a）所示为攻角为 0°时压电振子的振动姿态。从图中可以看出，压电振子摆动规则，与实验室中观察到的振动状态相似，没有出现压电振子贴在飘带上或者被飘带螺钉卡住的现象。图 4-41（b）所示为压电振子在该风速下的输出电压波形，电压有一些波动，频率基本稳定，分析其原因是子弹外形对气流的分布影响较大，这与实验室鼓风机加载条件实验中固定压电振子的矩形装置对流场的影响不同。

图 4-42 所示为有攻角时，压电振子在近地端和远地端振动状态的振动形态。

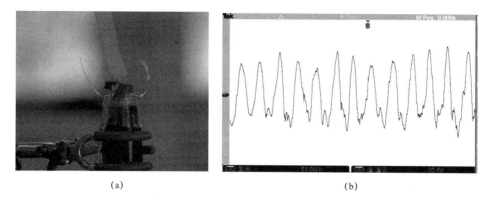

（a）　　　　　　　　　　　　　　　（b）

图 4-41　无攻角时压电振子的振动形态与输出波形图

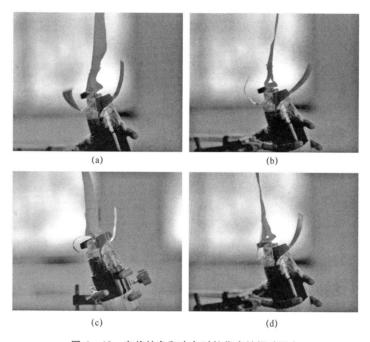

（a）　　　　　　　　　　　　　　　（b）

（c）　　　　　　　　　　　　　　　（d）

图 4-42　有旋转角和攻角时的代表性振动形态

　　图 4-42（a）和图 4-42（b）所示为压电振子的主要振动状态，压电振子的振动形态由一阶和二阶振动组成，偶尔有三阶振动，如图 4-42（b）中右侧的压电振子；图 4-42（c）中左侧的压电振子卡在飘带螺纹下，这种状况对于近地端压电振子比较常见，但卡住的时间十分短暂，压电振子会很快恢复振动；图 4-42（d）中左侧的压电振子存在打/贴飘带的情况，这种情况对于近地端也比较常见，时间非常短暂，压电振子不会长时间贴在飘带表面，不会对压电振子振动产生大的影响。

当存在攻角和旋转角时压电振子在风场中的输出电压波形如图 4-43 所示。由图可以看出，虽然输出电压偶有波动，但仍然是周期性变化的交流信号，并且电压幅值与前期（无攻角时）实验结果差别不大，频率较为稳定。这说明当子弹下落过程中存在攻角时，压电振子在风场中的振动没有被破坏，依然能够可靠输出电能。

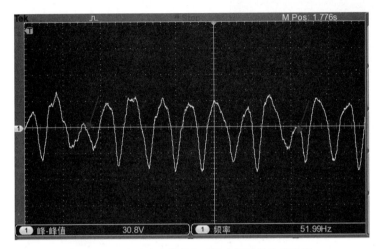

图 4-43　有攻角和旋转角时压电振子的输出波形

以旋转角 α 为横坐标，压电振子输出电压为纵坐标的输出电压波形，如图 4-44 所示。

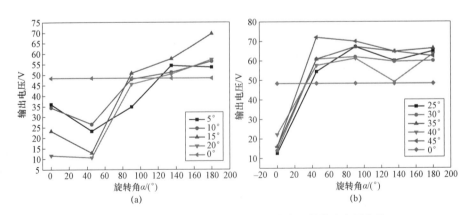

图 4-44　不同攻角 θ 和旋转角 α 下压电振子的输出电压曲线

图 4-44（a）所示为攻角 θ 分别为 0°、5°、10°、15° 和 20° 时，压电振子的输出电压与旋转角的关系，图 4-44（b）所示为攻角 θ 分别为 0°、25°、

30°、35°、40° 和 45° 时，压电振子输出电压与旋转角的关系。图中以攻角 θ 为 0° 时的电压输出曲线作为参考。可以看到，对于不同的攻角 θ，都对应着某一范围的旋转角 α，在这个范围内压电振子输出电压较低，但是在其他位置时输出正常，甚至超过子弹攻角为 0° 时的输出电压。

实验结果表明，子弹在实际下落过程中由于攻角的存在，压电振子的输出情况会随着子弹的旋转而发生变化。但是，由于旋转角 α 不断发生改变，从总体上看压电振子的输出并没有受到太大影响。而当旋转角 α 一定时，攻角的改变产生的影响较大，这一结论与理论分析一致，即攻角对压电振子的影响比旋转角大。

4.4.3 子弹旋转对压电式发机发电性能的影响

1. 转速测量

由于稳定旋翼的存在，使子弹在下落过程中产生旋转，并且子弹转速与子弹的质量、旋翼结构及子弹结构等都有关系。对风洞加载情况下，对子弹在风场中的旋转速度进行了测量，验证环境模拟实验条件下，压电式发电机实验数据的可信性。

测试装置由三维调整架，子弹模型，光电测速仪组成。首先在子弹模型一周粘贴白色纸条，便于光电测速仪进行转速测量。实验时将子弹飘带固定在三维调整架上，三维调整架固定在出风口边缘，同时在风洞边缘固定光电测速装置，将光信号接收部分贴近子弹上的白条位置。要注意光信号接收部分离子弹要有一定的距离，因为子弹在旋转过程中会有抖动现象，因此需要预留出一定的距离。控制风场风速从零开始增加，从子弹旋转开始记录其在不同风速下对应的子弹转速，如表 4-7 所列。

表 4-7 子弹的转速

风速/(m·s⁻¹)	18	20	22	24	26	28	30	32	34
转速/(r·min⁻¹)	413	840	1 261	1 736	1 697	1 716	1 752	1 716	1 790

将表 4-7 的数据绘制成风速—转速曲线如图 4-45 所示，从图中可以看出子弹的运动状况可以分为三个阶段。

第一个阶段是达到稳定转速之前，风速 $v = 0 \sim 18$ m/s，子弹的旋转是断续不稳定的。

第二阶段是风速 $v = 18 \sim 35$ m/s，在这个范围内风速能够使子弹保持旋转状态并且转速随着风速的增加而增加，呈近似线性关系。通过线性拟合得到此阶段的转速 r —风速 v 的关系式为 $r = 219.5v - 3\,547$（$18\,\text{m/s} < v < 35\,\text{m/s}$），利用该公式可以计算风速范围内任意风速所对应的子弹转速。

第三个阶段是风速 $v > 35\,\text{m/s}$，此时子弹受到的升力大于自身重力，子弹在绕着其对称轴旋转的同时弹体本身偏离竖直方向，光电测速装置无法保证接收器能够接收到子弹反射的光，无法进行转速测量。

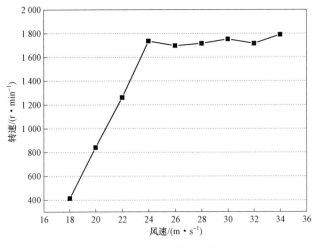

图 4-45　风速—转速曲线

这里进行子弹转速测量的目的在于得到子弹转速与风速的对应关系，可以根据这个关系在实验室通过电机带动子弹旋转，同时鼓风机加载风场的方式模拟引信实际作用过程中受到的环境力。

对应于上述三个阶段，压电振子振动状态也有所不同，通过高速摄影拍摄安装有压电振子的子弹在风场中的运动状态，如图 4-46 所示。图 4-46（a）中的子弹还未旋转，压电振子在风场中振动。由于风向与鼓风机加载实验中风向不完全一致，压电振子上、下振动的周期有小范围波动，整体上仍然保持比较稳定的振动状态。当子弹开始旋转时，压电振子的振动形态如图 4-46（b）所示。子弹旋转时，压电振子同时受到自下而上的风场力，受到旋转过程中的阻力和旋转产生的离心力作用，振动形态为带有扭转的振动。需要说明的是，带有扭转的振动和 4.3 节仿真中出现的单扭振动不同，单扭振动是压电振子受到的力使其产生麻花状变形，而带有扭转的振动形态是在振动中叠加无规律的扭转。当风速超过某一值时，子弹被吹起，如图 4-46（c）所示，此时压电振子的振动没有明显规律。

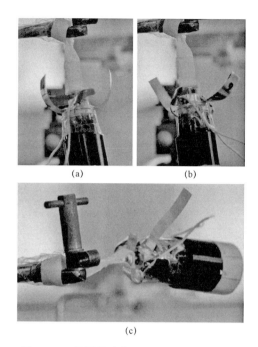

(a)　　　　　　　　　(b)

(c)

图 4 – 46　不同风速范围下压电振子振动形态

2. 测试电路及模拟实验流程

　　根据所涉及的某子弹引信的设计要求，发电机发电时间需达到 5 s，在实验时也应精确控制充电时间。但是，由于子弹在工作过程中是旋转状态，无法在外部通过连线进行充电时间控制和观测充电情况，需要在子弹外部进行充电控制，对子弹内部的储能电容进行充电。为此，设计装调了充电时间可控的测试电路。

　　测试电路由两部分组成，分别是控制电路和储能电路，如图 4 – 47 所示。控制电路的目的是实现精确控制储能电路工作的时间；储能电路是在给定时间内实现压电发电振子向储能电容充电。风洞测试过程中风速从零开始逐渐增加，达到预定风速时，启动控制电路，电容开始充电。控制电路的作用就是通过外部光照，非接触式控制充电电路工作并在规定时间内停止充电。控制电路由光电二极管 VD1、电流电压转换芯片 U1、LM555CN 定时器和继电器 K2 组成。

　　测试步骤如下：

　　（1）测试电路安装于子弹内部，外部有强光照射子弹上的光电二极管 VD1。当达到预定转速时，外部的强光照射子弹上的光电二极管，子弹每转一周就产生一个几十微安的脉冲电流，也即引信每转过一周就产生一个脉冲幅值为几十微安的脉冲电流。脉冲电流经过 U1，转换成一个幅度在 1.3 V 左右的下降脉冲电压信号。如图 4 – 48 所示。

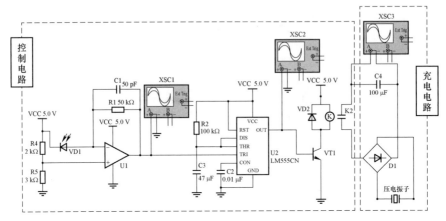

图 4-47　测试电路原理示意图

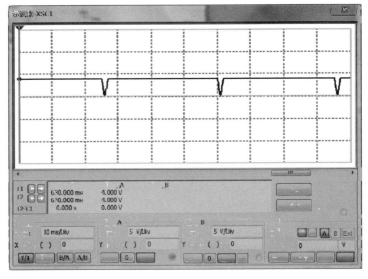

图 4-48　脉冲光电流

（2）脉冲电压输入 555 定时器 TRI 端,使 OUT 输出脉宽为 $T_w = 1.1 \times R_2 \times C_3 = 5.17\,s$,而且电压为 3～4 V 的脉冲电压,如图 4-49 所示。

（3）555 定时器 OUT 端与三极管 VT1 基极相连,当输出电压由低电平转换为高电平时,使处在截止区的三极管 VT1 进入放大区,三极管通电流,连在三极管集电极的继电器 K2 由常开状态转为闭合,充电电路接通,压电式发电机给电容充电。规定时间（5 s）后,555 定时器输出由高电平转为低电平,三极管 VT1 进入截止区,电路不通过电流,继电器 K2 恢复常开状态,充电电路断开,电容无法充电。

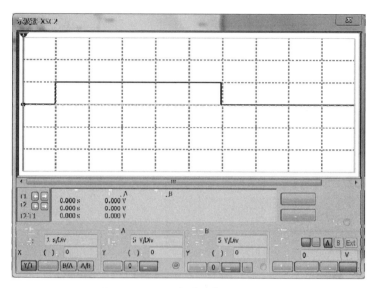

图 4 - 49　555 定时器输出电压波形

将测试电路进行仿真分析，得到电容的充电曲线如图 4 - 50 所示。能够看到电容的充电时间与设计要求一致。

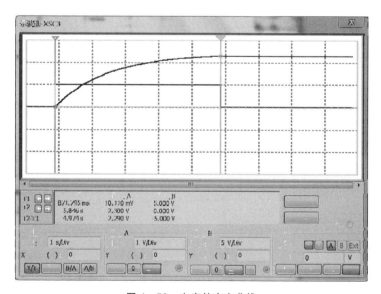

图 4 - 50　电容的充电曲线

测试电路实物图如图 4 - 51（a）所示，实验中采用钽电容作为储能电容，主要原因是钽电容漏电少，能够减少电能损耗，经过测试，实验所用钽电容的压降小于 0.08 V/min。电路板背面固定着电源，给继电器、定时器、运算放大器供电。实验时将电路板固定在子弹内部，如图 4-51（b）所示，光电二极管的安装要有利于接收光信号，使控制可靠。由图 4-51（b）可以看到引出的 4 根导线，其中两根与压电振子相连，另外两根用于测量储能电容两端的电压值。

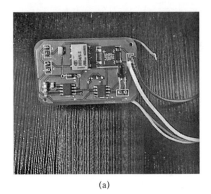 

(a)   (b)

图 4-51　电路板实物图与光电二极管安装图

（a）实物图；（b）光电二极管安装图

3. 实验结果

通过改变测试电路中元器件的参数，装调了充电时间为 5 s、10 s 和 15 s 三种控制电路板。在实验时，当达到预定风速后用红外发射器照射光电二极管，电路导通时间（如 5 s 后）结束后，停止风速加载，测量钽电容两端电压并进行记录。

压电振子的平面尺寸为 40 mm × 10 mm，基底材料为 0.02 mm 厚的 304 不锈钢基底，压电材料为 0.05 mm 厚 PVDF 压电薄膜，风速为 30 m/s。

在设定的三个充电时间内，电容的充电电压如表 4-8 所列。

表 4-8　压电式发电机为 100 μF 电容充电电压　　　　单位：V

加载装置	电容充电时间		
	5 s	10 s	15 s
F0-45A 系列风洞	1.16	1.25	1.71
鼓风机加载装置	0.6	1.26	1.89

从实验结果能够看出，在相同的风速条件下风洞环境和鼓风机加载环境对充电速率的影响不同。鼓风机加载条件下压电振子的振动维持在一个非常稳定的状态，振幅和频率不会发生太大变化，压电振子输出电能速率稳定，所以储能电容两端电压变化。而在风洞加载环境时，压电振子的振动状态受到子弹姿

态的影响，如图 4 – 52 所示，图 4 – 52（a）所示为风速为 30 m/s，子弹旋转非常稳定，攻角近似为零时的压电振子的状态，压电振子在离心力的作用下只是绕着子弹轴线旋转，几乎没有振动；图 4 – 52（b）中压电振子发生振动和扭转。这种无固定规律的振动造成了压电振子充电速率的不稳定，储能电容两端电压随充电时间的变化并无规律。

（a）　　　　　　　　　　　　　　（b）

图 4 – 52　子弹在风场中的两种旋转姿态

由上述环境模拟试验中，压电发电机对电容的充电情况表明，所设计的压电发电机在复杂的力学环境中仍然能够可靠输出。

｜小　　结｜

本章针对子弹药引信对电源供电的需求，根据典型子弹药结构及其工作特性，设计了一种风致振动式压电发电机。对压电振子的结构、制备以及影响其发电性能的因素进行了分析，并结合某子弹应用需求对所设计的压电式发电机进行了模拟试验测试。测试结果表明，该发电机能够较好地满足子弹药自供能需求。

第 5 章

冲击式压电发电机

本章对冲击式压电发电机进行介绍。该发电机的工作原理是利用压电材料的正压电效应，在风力环境中，涡轮拾取风能并转换为旋转机械能，带动冲击齿冲击压电元件产生形变，在其表面出现极化电荷，从而产生电能。

| 5.1 冲击式压电发电机工作原理 |

冲击式压电发电机的核心是基于冲击振动的压电悬臂梁，该发电机分为上、下两层结构，如图 5-1 所示。上层结构是风动涡轮，用于将弹丸飞行过程中的迎面风能转换为旋转机械能；下层结构是基于冲击振动的能量转换装置。

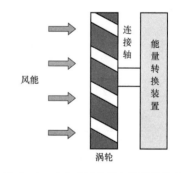

图 5-1 冲击式压电发电机结构简图

5.1.1 非旋转环境下的结构及原理

在非旋转环境中，冲击式压电发电机能量转换装置的结构如图 5-2 所示。涡轮通过连接轴与发电机的冲击轮相连接；在冲击轮上有冲击齿，弹性元件固定在外部本体上，弹性元件上粘贴有压电元件，弹性元件和压电元件的组合称为转换元件（压电振子）。

其工作原理是：在风力作用下，涡轮拾取风动机械能并转换为旋转机械能，涡轮通过发电机轴带动冲击轮转动。冲击轮转动过程中，其上的冲击齿冲击弹性元件，使其上的压电元件产生形变，由于压电材料的正压电效应，从而实现机械能与电能之间的相互转换。

5.1.2　旋转环境下的结构及原理

　　在旋转环境中，需要考虑离心力对发电机工作的影响。在离心力作用下，图 5-2 中的压电元件在冲击后其变形的恢复受到阻碍，如果弹丸的转速过高，有可能压电元件不能恢复到原来位置，使得冲击齿无法对其继续进行冲击，导致其发电效率降低，甚至发电机完全失效，大大降低了发电效率。因此，采用图 5-3 所示的结构，转换元件与冲击轮相连接，冲击齿固定在外部本体上，转换元件在冲击冲击齿的过程中发生变形，在高速旋转的环境中，由于受到离心力的作用，转换元件会被拉回到原来位置而形成有效的振动。

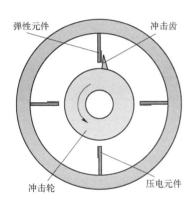

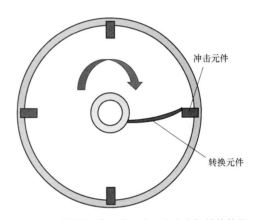

图 5-2　非旋转环境中的能量转换装置　　　图 5-3　旋转环境下冲击式压电发电机结构简图

|5.2　冲击式压电发电机压电悬臂梁理论分析|

　　从结构原理可以看出，冲击式压电发电机的转换元件采用悬臂支撑方式，本节针对压电悬臂梁结构对发电机发电性能的影响进行分析。

5.2.1　悬臂梁式能量采集结构

　　梁通常是指以弯曲为主要变形的杆件，它是工程中广泛采用的一种基本构件。如果梁各截面的中心主轴在同一个平面内，外载荷也作用于该平面内，则梁的变形主要是弯曲变形，梁在该平面内的横向振动称作弯曲振动。梁的弯曲振动频率通常较低，容易被激发。同时，悬臂支撑方式可以产生最大的挠曲和柔顺系数。因此，很多压电发电机都采用此结构。本章将结合悬臂梁的振动模型，分析转换元件（压电振子，以下统称转换元件）各结构参数对发电机发电性能的影响。

1. 压电材料最佳粘贴位置分析

在转换元件设计中，压电材料在悬臂梁上的粘贴位置对转换元件发电性能有比较大的影响。压电材料应该粘贴于悬臂梁的最大应变处，才会产生最大的电荷量。下面来确定悬臂梁的最大应变位置。对于细长梁的振动，可以忽略梁的剪切变形以及截面绕中性轴转动惯量的影响，这种梁模型也称为伯努利–欧拉梁，如图5–4所示。

直梁是指梁横截面积远小于其纵向尺寸的平直细长弹性体，它承受垂直于中心线的横向载荷作用并发生弯曲变形。直梁在 zOx 平面内作横向振动，$z(x, t)$ 表示坐标为 x 的截面中性轴在时刻 t 的横向位移。设直梁的弹性模量为 E、截面关于中性轴的惯性矩为 I、材料的密度为 ρ，直梁横截面积为 A，$f(x, t)$ 表示单位长度梁上分布的横向外力。

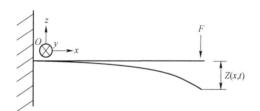

图5–4　伯努利–欧拉梁弯曲振动示意图

伯努利–欧拉梁的弯曲振动微分方程为

$$\rho A \frac{\partial^2 z(x,t)}{\partial t^2} + EI \frac{\partial^4 z(x,t)}{\partial x^4} = f(x,t) \quad (5-1)$$

令 $f(x, t) = 0$，可以得到梁的横向自由振动方程：

$$C^2 \frac{\partial^4 z(x,t)}{\partial x^4} + \frac{\partial^2 z(x,t)}{\partial t^2} = 0 \quad (5-2)$$

式中，$C^2 = \dfrac{EI}{\rho A}$。

式（5–2）的解可以表示为

$$z(x,t) = Z(x)(A\cos \omega t + B\sin \omega t) \quad (5-3)$$

式中：$Z(x)$ 为主振型函数，即梁上各点按振型 $Z(x)$ 作同步谐振动。

将式（5-3）代入式（5-2）得

$$C^2 \frac{\partial^4 z(x,t)}{\partial x^4} - \omega^2 Z(x) = 0 \qquad （5-4）$$

令 $\beta^4 = \omega^2 / C^2$，则式（5-4）的通解为

$$Z(x) = C_1 \sin\beta x + C_2 \cos\beta x + C_3 \mathrm{sh}\beta x + C_4 \mathrm{ch}\beta x \qquad （5-5）$$

由材料力学可知

$$\varepsilon(x) = \frac{h}{2} \times \frac{\mathrm{d}^2 f(x)}{\mathrm{d}x^2} \qquad （5-6）$$

式中：h 为悬臂梁厚度。

由式（5-5）得到了悬臂梁的模态函数，这里用模态函数 $Z(x)$ 来代替 $f(x)$，从而可以求出不同模态的应变分布情况。令 $\dot{\varepsilon}(x) = 0$，可得

$$A(\mathrm{sh}\beta_i x - \sin\beta_i x) = \mathrm{ch}\beta_i x + \cos\beta_i x \qquad （5-7）$$

式中，A 为常数。

采用数值方法对式（5-7）进行求解，得到悬臂梁前三阶振型的应变曲线，如图 5-5 所示。由图可以看出，在一阶振动模态下，悬臂梁在 $x=0$ 处应变最大；二阶振动模态下，应变有两个极值，其中在 $x=0$ 处仍是最大；三阶振动模态下，应变有三个极值，最大应变仍在 $x=0$ 处。因此，为了获得最大应变，达到最好的发电效果，压电材料应该粘贴在尽可能靠近悬臂梁的最大应变处即悬臂梁的根部。

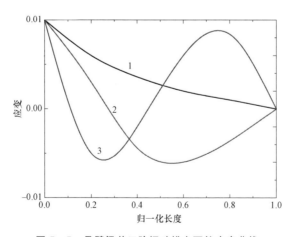

图 5-5　悬臂梁前三阶振动模态下的应变曲线

2. 转换元件的电压输出特性

转换元件作为冲击式压电式发电机的核心元件，其设计得是否合理决定了

冲击式压电发电机发电性能的好坏。本节主要讨论悬臂梁式转换元件的输出特性，转换元件结构尺寸参数不同，其输出也不同。

以三层结构的悬臂梁式压电振子为例，其上、下两层是压电材料，中间层是非压电材料，如图 5-6 所示。图中，h_p 为压电材料层的厚度；h_m 为非压电材料构成的中间层的厚度；W 为压电薄板的宽度；L 为压电薄板的长度；$F(t)$ 为外力，其作用点距坐标原点为 L_0。

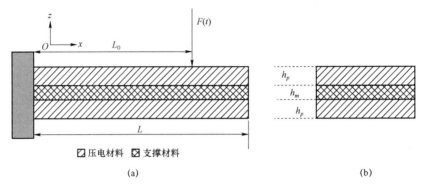

图 5-6 三层结构悬臂梁式压电振子示意图

在 d_{31} 模式下，压电层的压电方程为

$$T_1 = c_{11}^E S_1 - e_{31} E_3, \quad T_5 = c_{55}^E S_5, \quad D_3 = e_{31} S_1 + \varepsilon_{33}^S E_3 \tag{5-8}$$

式中：T 为应力；S 为应变；E 为电场；D 为电位移；c 为弹性模量；e 为压电耦合系数；ε 为介电常数，下标 1、3、5 代表方向。

对于图 5-6，下标 1 相应于 X 方向，下标 3 相应于 Z 方向，下标 5 垂直于 xOz 平面。这里 T_5 和 S_5 分别代表在 xOz 平面内的剪应力和剪应变，同时 c_{55}^E 代表剪切模量。上标 E 和 S 分别代表恒定电场和应变。对于支撑层，本构方程为

$$T_1 = c_{11,s} S_1, \quad T_5 = c_{55} S_5 \tag{5-9}$$

式中：下标 s 代表支撑层的材料属性。

考虑到悬臂梁结构尺寸对其输出特性的影响时，悬臂梁结构尺寸的变化可能不满足细长梁的特征，即伯努利-欧拉梁，下面基于铁木辛柯梁建立图 5-6 中压电悬臂梁机电耦合方程。

令 $z(x,t)$ 为悬臂梁横向挠度，$\psi(x,t)$ 为悬臂梁横截面的转角，它们均与位置坐标 x 和时间 t 有关；压电材料的密度为 ρ_p，支撑材料的密度为 ρ_s。则系统的机电耦合方程如下：

$$(\rho_s h_m + 2\rho_p h_p)w\frac{\partial^2 z(x,t)}{\partial t^2} + K(AG)_{\text{eff}}\left[\frac{\partial \psi(x,t)}{\partial x} - \frac{\partial^2 z(x,t)}{\partial x^2}\right] = -F(t) \cdot \delta(x - L_0) \tag{5-10}$$

$$(\rho I)_{\text{eff}} \frac{\partial^2 \psi(x,t)}{\partial t^2} = (EI)_{\text{eff}} \frac{\partial^2 \psi(x,t)}{\partial x^2} - K(AG)_{\text{eff}} \left[\psi(x,t) - \frac{\partial^2 z(x,t)}{\partial x^2} \right] + \vartheta V(t)[\delta(x) - \delta(x-L)]$$

（5－11）

$$Q(t) = \vartheta \psi(L,t) - \frac{C_0}{2} V(t)$$

（5－12）

式中：K 为剪力修正系数，对于矩形截面，其取值范围为 $[\,0.83 \sim 0.87\,]$。

$(AG)_{\text{eff}}$ 为有效剪切刚度系数，可表示为

$$(AG)_{\text{eff}} = w(c_{55,s} h_m + 2c_{55}^E h_p)$$

（5－13）

$(\rho I)_{\text{eff}}$ 为横截面的有效转动惯量，可表示为

$$(\rho I)_{\text{eff}} = \rho_s w \frac{h_m^3}{12} + 2\rho_p w \left[\frac{h_p^3}{12} + h_p \left(\frac{h_p + h_m}{12} \right)^2 \right]$$

（5－14）

$(EI)_{\text{eff}}$ 为梁的有效弯曲刚度，可表示为

$$(EI)_{\text{eff}} = c_{11,s} w \frac{h_m^3}{12} + 2c_{11}^E w \left[\frac{h_p^3}{12} + h_p \left(\frac{h_p + h_m}{12} \right)^2 \right]$$

（5－15）

$\vartheta = -e_{31} w \left(\dfrac{h_m + h_p}{2} \right)$ 为机电耦合系数；$\delta(x)$ 和 $H(x)$ 分别为 δ 函数和亥维赛函数。

开路电容为

$$C = \frac{wL\varepsilon_{31}^{\text{T}}}{h_m + 2h_p}$$

（5－16）

则输出电压可以表示为

$$U = \frac{Q}{C}$$

（5－17）

用上面的公式很难获得解析解，发电机的输出与其结构尺寸之间的关系相对比较复杂，因此可通过实验测试，获得其在一定使用条件下的规律，以指导设计。

5.2.2　冲击齿与转换元件的匹配

从冲击式压电发电机的结构与工作原理可以看出：该发电机的性能特性除与压电元件的性能（机电转换效率）有关外，还和冲击齿与转换元件在单位时间内冲击的次数以及冲击的速度有关；而这些又与工作风速、冲击齿和转换元件的数量有关。因此，冲击齿与转换元件的匹配设计成为提高该发电机性能的关键技术。

1. 理论方案的提出

在确定使用条件下，冲击齿与转换元件的匹配性设计是关系到发电机发电性能的重要问题。一般情况下，在单位时间内，如果单位时间冲击齿与转换元件发生冲击的次数越多，并且每次冲击时的冲击速度越大，则产生的总电能越多，这就需要更多的转换元件。同时，也可以通过设计多个冲击齿来增加单位时间内的冲击次数。但实际情况是，冲击次数的增加，必然会使冲击后冲击齿的加速时间变短，使得下一次冲击的速度变小，冲击能量变小。因此，要根据实际使用情况，全面综合考虑冲击齿与转换元件数量的匹配。

为了提高压电式发电机的发电性能，首先对不同数量的冲击齿或转换元件的发电机结构进行发电性能的理论分析，得到发电机在不同风速下发电性能最佳时所对应的冲击齿的个数以及转换元件的个数。为了简化分析做出如下假设：

（1）冲击齿数设定为1；

（2）冲击齿的初始位置恰好紧贴某一个转换元件的后面；

（3）不同结构的发电机的机电转换系数相同。

在一个冲击齿的情况下，对不同转换元件个数的发电机进行分析，发电机结构如图5-7所示，图（a）~（d）所示的发电机的转换元件数量分别为1、2、4和6。

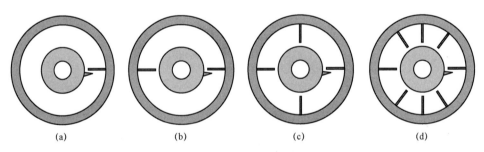

（a）   （b）   （c）   （d）

图5-7　不同数量转换元件结构图

通过分析比较不同结构的发电机在单位时间内发电量的大小来确定冲击齿与转换元件的匹配，分析如下：

（1）当冲击齿冲击转换元件时，其动能 E 会减小，减小的动能的一部分通过转换元件转换为电能 Q。假设机电转换系数为 k，则有 $Q = k \cdot E$。在理想情况下，在这几种不同的结构中，机电转换系数相同。

（2）为了得到每次冲击时转换元件产生的电能 Q，需要知道冲击齿在每次冲击转换元件时消耗的动能。通过求取冲击前的冲击齿角速度和冲击后的角速度，可以得到每次冲击时损失的动能。涡轮主动力矩与涡轮角速度的公式为

$$M_\omega = \frac{\pi \rho d_0^2 r_1 v}{4}\left(\psi \sqrt{(a_1 v)^2 + (r_2 \omega)^2} \cdot \cos\beta - r_1 \omega\right) \qquad (5-18)$$

式中：M_ω 为涡轮的主动力矩；v 为风速；ω 为涡轮的角速度。

由 $M_\omega - M_f = J\alpha$ 可知（其中，M_f 为摩擦力矩，J 为涡轮轴转动惯量，α 为角加速度）

$$\alpha = \frac{\mathrm{d}w}{\mathrm{d}t} = \frac{\mathrm{d}^2\theta}{\mathrm{d}t^2} \qquad (5-19)$$

将式（5-19）代入式（5-18），得

$$\frac{\pi \rho d_0^2 r_1 v}{4}\left(\psi \sqrt{(a_1 v)^2 + \left(r_2\frac{\mathrm{d}\theta}{\mathrm{d}t}\right)^2}\cos\beta - r_1\frac{\mathrm{d}\theta}{\mathrm{d}t}\right) - M_f = J\frac{\mathrm{d}^2\theta}{\mathrm{d}t^2} \qquad (5-20)$$

通过求解式（5-20）可以得出角度 θ 与时间 t 的关系以及角速度 ω 与时间 t 的关系。

冲击轮的初始角速度为零，在涡轮带动下开始作加速运动，当转过特定角度后，开始冲击转换元件，通过式（5-20）可以求出此刻冲击轮的角速度和冲击周期（冲击结束到下一次冲击的时间间隔），冲击轮在冲击结束后角速度降低，通过 Abaqus 仿真可以求出冲击结束时冲击轮的角速度。如此循环，可以求出旋转稳定时冲击轮冲击前后的角速度和加速时间，从而可以求出单位时间发电机发电量的大小。计算流程如图 5-8 所示。

2. 理论计算

式（5-18）中，M_ω 为涡轮在运行中产生的力矩（N·m）；ρ 为气体密度，取 1.206 kg/m³；d_0 为进气孔的直径，取 0.02 m；r_1 为涡轮外径，取 0.02 m；v 为风速（m/s）；ψ 为气体的损耗系数，$0.6 \leqslant \psi \leqslant 0.9$，取 0.75；$a_1$ 为涡轮的形状系数，取 1；r_2 为涡轮内径，取 0.009 m；ω 为涡轮的角速度（rad/s）；β 为涡轮的出流角，取 $0°$。经计算，冲击轮转动惯量为 3.5×10^{-8} kg·m²。摩擦力矩 M_f 为常数。在 30 m/s 风速下，将有关数据代入式（5-18），可得

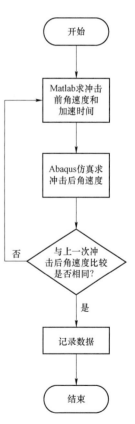

图 5-8　计算流程

$$3.031 \times 10^{-6} \times 30\left(0.75\sqrt{(30)^2 + \left(0.009\frac{\mathrm{d}\theta}{\mathrm{d}t}\right)^2} - 0.02\frac{\mathrm{d}\theta}{\mathrm{d}t}\right) - 3.6 \times 10^{-8}\frac{\mathrm{d}^2\theta}{\mathrm{d}t^2} \qquad (5-21)$$

用 Matlab 解微分方程功能函数 ode45 计算，可以得出 θ 与时间 t 的关系以及角速度 ω 与时间 t 的关系，如图 5-9 和图 5-10 所示。

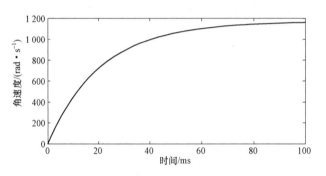

图 5-9　角速度—时间关系图

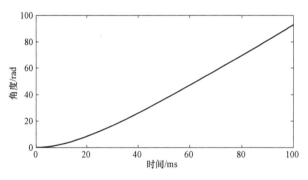

图 5-10　角度—时间关系图

3. 仿真分析

根据 Abaqus 仿真软件建模，仿真模型如图 5-11 所示。

图 5-11　冲击式压电发电机仿真模型

在仿真模型中，转换元件的尺寸为 10 mm × 4 mm × 0.04 mm，密度为 7 800 kg/m³，弹性模量为 210 GPa。通过 Matlab 与 Abaqus 仿真的计算可以得出风速为 30 m/s，转换元件的数量为 1 的情况下，冲击齿转过固定角度所需的时间及冲击前、后的角速度，计算结果见表 5 – 1。

表 5 – 1　转换元件为 1 时的参数

序号	转过角度/rad	时间/s	冲击前角速度/ (rad · s⁻¹)	冲击后角速度/ (rad · s⁻¹)
1	2π	0.018	678	614.3
2	2π	0.008 75	803.8	731
3	2π	0.007 96	863.3	787
4	2π	0.007 46	897.5	819
5	2π	0.007 42	927	847
6	2π	0.007 40	941.7	861
7	2π	0.007 20	954.8	873.5
8	2π	0.006 80	967.2	885
9	2π	0.006 50	978.8	896
10	2π	0.006 50	978.8	896

从表 5 – 1 可得，在转换元件的数量为 1 时，冲击齿旋转到达稳定状态后，冲击前的角速度为 978.8 rad/s，冲击后的角速度为 896 rad/s，每冲击一次经过时间为 0.006 50 s（冲击周期 t）。可以求出冲击一次损失的动能，即

$$E_1 = \frac{1}{2} J \omega_1^2 - \frac{1}{2} J \omega^2$$
$$= \frac{1}{2} J (978.8)^2 - \frac{1}{2} J (896)^2 = 7.76 \times 10^4 \, (\text{J}) \tag{5 – 22}$$

冲击一次发电电量为

$$Q_1 = k \cdot E_1 = 7.76 \times 10^4 \, (\text{J}) \tag{5 – 23}$$

单位时间发电量 W 为

$$W_1 = Q_1 / t = 1.19 \times 10^7 \, (\text{J}) \tag{5 – 24}$$

依据上述计算分析方法可以得出 2 个转换元件、4 个转换元件和 6 个转换元件的发电性能情况。不同数量的转换元件的角速度—时间曲线，如图 5 – 12 所示。

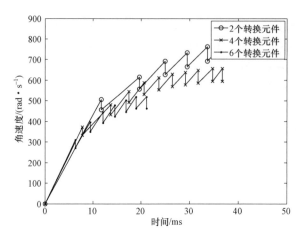

图 5-12 不同数量的转换元件的角速度—时间曲线

根据前面计算方法可得，风速为 30 m/s 时，不同数量的转换元件的性能参数如表 5-2 所示。

表 5-2 30 m/s 风速下不同数量的转换元件的发电性能

参数 \\ 个数	1	2	4	6
动能 $E/$（$\times 10^4$ J）	7.76	5.58	3.88	2.81
发电量 $Q/$（$\times 10^4$ J）	7.76	5.58	3.88	2.81
单位时间发电量 $W/$（$\times 10^7$ J）	1.19	1.45	1.55	1.30

由表 5-2 可知，$W_4 > W_2 > W_6 > W_1$。即从发电性能来说，4 个转换元件结构的发电性能最好，2 个转换元件和 6 个转换元件其次，1 个转换元件发电性能最差。

依据对 30 m/s 风速下的发电机发电性能的分析方法，同样可以得到 200 m/s 的风速下，不同数量转换元件的性能参数，如表 5-3 所示。

表 5-3 200 m/s 风速下不同数量转换元件发电性能

参数 \\ 个数	1	2	4	6	8
动能 $E/$（$\times 10^6$ J）	3.07	2.35	1.58	1.45	1.03
发电量 $Q/$（$\times 10^6$ J）	3.07	2.35	1.58	1.45	1.03
单位时间发电量 $W/$（$\times 10^9$ J）	3.08	3.98	4.14	5.00	4.15

由表 5－3 可以看出，6 个转换元件的发电机结构发电量最大。所以在 200 m/s 的风速下，应选择 6 个转换元件的发电机结构。

通过计算，分别得出风速为 15 m/s、30 m/s、50 m/s、100 m/s、200 m/s 的最佳转换元件数量，如图 5－13 所示。

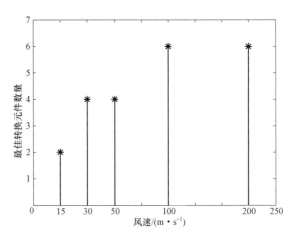

图 5－13　不同风速下最佳转换元件数量

综上所述，通过对压电悬臂梁的理论分析，得出如下结论：

（1）为了输出更多电能，应该将压电材料粘贴在尽量靠近悬臂梁固定端的位置。

（2）在宽度一定的情况下，长、薄的压电振子能产生较大的电荷量。

（3）仿真分析结果表明，在 30 m/s 的风速下，转换元件的数量为 4 个，而在 200 m/s 的风速下，转换元件的数量为 6 时，发电机的输出性能较好。同时还可以看出，最佳转换元件数量随着风速的增大逐渐增多。因此，在设计冲击式压电发电机时，应根据具体的使用环境（风速），来确定转换元件的数量，以得到最佳的发电机输出性能。另外，由于弹丸在飞行过程中弹速的变化，发电机涡轮感受到的风速也会发生变化。因此，在进行冲击齿和转换元件匹配性设计时，要充分考虑风速的变化，以满足全弹道引信对发电机输出能力的需求。

5.3　冲击式压电发电机输出特性的影响因素

由 5.2 节对压电悬臂梁的理论分析可以得出，压电发电机发电性能的好坏受

压电材料类型、转换元件结构、机电转换模式等因素的影响。转换元件的结构
参数以及压电材料的种类很大程度上决定了冲击式压电发电机的发电性能，因
此本节主要分析转换元件的结构参数、压电材料类型、冲击频率（发电机转速）
等对发电机发电性能的影响，以便指导冲击式压电发电机进行设计。

5.3.1 转换元件的制作

在 5.1 节中简单介绍了冲击式压电发电机的结构，发电机主要由发电机外
壳、带有冲击齿的冲击轮、转换元件（压电振子）等几部分组成。转换元件是
压电发电机的核心元件，转换元件是由压电材料粘贴在金属基底上构成，它的
作用是将其受到冲击产生的机械振动能量转换成压电元件的电荷输出。转换元
件的结构如图 5-14 所示。

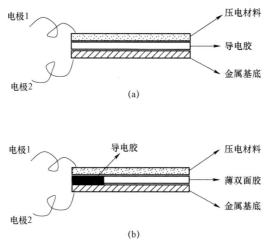

图 5-14 转换元件结构示意图

转换元件的制作分为以下几个部分：材料的准备（包括压电材料、黏接剂、
金属基底）、薄膜和金属基底等的切割、压电材料与基底的粘接、引出电极，其
制作流程如图 5-15 所示。

图 5-15 压电振子简单制作流程

1. 压电材料与基底的选择

目前，常用的压电材料有压电陶瓷、压电薄膜（PVDF）等，PVDF 压电薄

膜与传统的压电陶瓷相比具有频响宽、力电转换灵敏度高、柔软不脆、耐冲击、易制成任意形状等优势。因此，对冲击式压电发电机的结构而言，选择 PVDF 压电薄膜作为压电材料最佳。目前，压电薄膜也有多种类型，可通过对不同种类以及不同厚度的压电薄膜的发电性能的实验分析，来选择确定合适的压电材料。图 5-16 所示为本次实验所使用的不同种类的压电薄膜，表 5-4 给出了三种不同压电薄膜的一些参数。

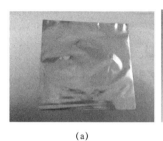  

（a） （b） （c）

图 5-16 三种不同的压电薄膜

（a）普通 PVDF；（b）e – Touch；（c）金属化压电薄膜

表 5-4 不同种类压电薄膜的主要参数

压电薄膜名称	厚度/μm	压电常数 d_{31}/（PC·N⁻¹）	压电常数 d_{33}/（PC·N⁻¹）
普通 PVDF	30	17±1	21
e – Touch	70	无	10～350
金属化压电薄膜	52	22	33

对于冲击式压电发电机，只用压电材料作为转换元件显然不能达到冲击振动的效果，因此，选择合适的金属基底，提高转换元件的发电性能，也是转换元件制作的一个重要环节。

根据对常用金属基底（铍青铜、钛合金、304 不锈钢）材料做的基础发电实验结果，铍青铜基底的转换元件发电效果最差，钛合金基底次之，而 304 不锈钢的发电效果最好。因此，这里发电基础实验中采用 304 不锈钢作为基底，表 5-5 列出了 304 不锈钢的主要性能参数。

表 5-5 304 不锈钢性能参数

材料	厚度/μm	密度/（kg·m⁻³）	弹性模量/GPa
304 不锈钢	40	7 930	200

2. 转换元件的制作工艺

转换元件的制作质量对发电机的发电性能有至关重要的影响。转换元件的制作要求压电材料和金属基底粘接可靠，不能在冲击过程中出现压电材料与金属基底分离的现象；引出电极需要与转换元件黏结可靠，不能出现短路或断路的现象，否则会严重影响转换元件的输出性能。压电振子的制作流程如下。

（1）切割。对于 PVDF 压电薄膜的切割，首先要注意不要用手直接接触压电薄膜，以免汗液腐蚀电极表层；然后要注意 PVDF 压电薄膜的 d_{31} 方向要与转换元件长度方向一致。利用单边刀片和锋利的小剪刀将压电薄膜切割成所需要的形状。金属基底的切割方法类似，首先切割成与压电材料形状一样的基底，切割完后，需要清洗金属基底的表面，可以采用脱脂棉棒蘸取少许乙醇溶液轻轻擦拭，反复多次，最后将被黏结的一面朝上晾干。

（2）黏结。如果使用导电胶带作为黏接剂，则先将导电胶带完全覆盖在金属基底的表面，随后将压电材料完全覆盖于导电胶带上并压实；如果使用超薄双面胶作为黏接剂，则需要注意不要将导电胶带完全覆盖在金属基底表面，而需要在离转换元件一端留下 2～3 mm 的空余量，并且利用导电胶带将空余处填补完整，确保 PVDF 压电薄膜另一表面与金属基底导通。黏结好的压电振子如图 5－17 所示。

（3）引出电极。由于 PVDF 压电薄膜基材是高分子材料，所以不能直接焊接电极，需要采取其他铆接或黏结的方法。本书要求设计的转换元件尺寸很小。因此，在转换元件的两个表面直接引出电极会很困难，并且可靠性较差。为了更加方便可靠地引出电极，针对本次实验设计了如图 5－18 所示的夹具，从夹具上引出电极。

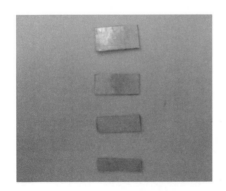

图 5－17　压电振子实物图

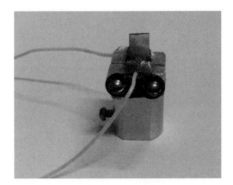

图 5－18　压电振子夹具

5.3.2　冲击实验平台的搭建

转换元件是冲击式压电发电机的最主要的部分，转换元件的各个参数对发电机的发电性能有很大的影响。因此，将对结构尺寸、结构形状、结构类型、压电材料等参数对发电性能的影响进行实验分析。为了便于在实验室进行转换元件结构参数对发电机输出特性影响的研究，设计了一个冲击实验平台。冲击实验平台如图 5-19 所示，该实验平台由电动机、电机固定架、转换元件夹具、转换元件固定座等组成，通过电动机带动冲击齿旋转，冲击转换元件发电。

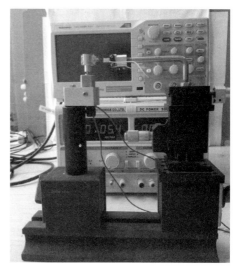

图 5-19　冲击实验平台

（1）电动机固定支架。在实验中，利用直流电机旋转来模拟涡轮的转动，电动机的固定装置由电机座和基座组成，如图 5-20 所示。

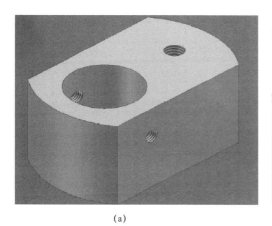

(a)

(b)

图 5-20　电动机固定支架

（a）电动机座；（b）基座

（2）转换元件的固定。在 5.3.1 节提到了转换元件的夹具，夹具的作用不仅可以便于转换元件的固定，并且便于引出电极。夹具通过连接轴固定在转换元件固定座上，转换元件固定座是一个二维光学位移平台，可分别沿两个平面运动，位移精度高，便于实验操作。转换元件夹具与连接轴结构形式如图 5-21 所示，转换元件固定座如图 5-22 所示。

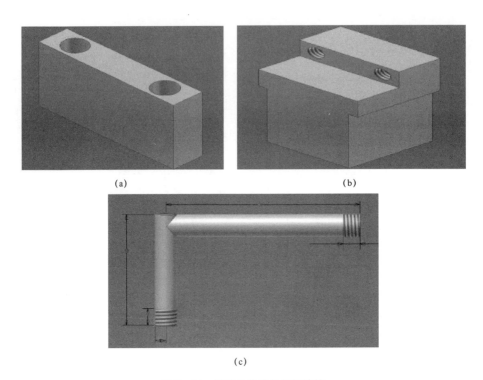

(a)

(b)

(c)

图 5-21　转换元件夹具与连接轴

图 5-22　转换元件固定座

　　利用图 5-19 所示的冲击实验平台，对不同长度、不同宽度、不同形状转换元件，不同厚度压电材料，不同压电材料极化方向的转换元件做了对比实验。从实验中可以观测某个参数对发电机发电性能的影响，进而分析得到结构参数对发电机发电性能影响的一些规律。

5.3.3 不同长度转换元件对发电性能的影响

从 5.2 节对压电悬臂梁的理论分析可知，在冲击力、宽度、厚度等参数相同的情况下，转换元件的输出电压和转换元件的长度成正比关系。实验中通过对不同长度转换元件分别进行冲击发电实验，观察每个转换元件的输出电压，探索不同长度转换元件对发电机发电性能的影响。

为了确保实验结果的可靠，对于不同长度的转换元件，设定这些转换元件的其他结构参数与实验条件相同。具体参数如表 5 – 6 所列。

表 5 – 6 实验条件与结构参数

结构参数/实验条件	数值	结构参数/实验条件	数值
发动机转速	3 300 r/min	基底材料	304 不锈钢（40 μm）
转换元件宽度	4 mm	结构类型	压电单晶片
转换元件厚度	0.17 mm	形状	长方形
冲击位置	0.5 mm	机电转换类型	d_{31}
压电材料	PVDF（30 μm）	冲击面	压电材料

注：冲击位置是指冲击齿离转换元件自由端的距离；冲击面指冲击齿冲击转换元件的某个面。

对长度分别为 20 mm、15 mm、10 mm、6 mm 的转换元件进行了发电实验，通过示波器观察其开路输出，发现 4 个转换元件的输出电压峰 – 峰值均为 100 V以上，最大能达到将近 190 V，长度为 10 mm、6 mm 的转换元件输出电压波形如图 5 – 23 所示。

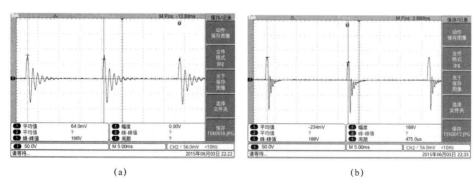

(a)　　　　　　　　　　　　(b)

图 5 – 23 不同长度转换元件输出电压波形

（a）长度 10 mm；（b）长度 6 mm

对每组实验得到的数据记录如表 5 – 7 所列,从表中可以看出,不同长度转换元件的输出电压峰 – 峰值和电动机转速。图 5 – 24 所示为不同长度转换元件输出电压的峰值曲线。

表 5 – 7　不同长度转换元件实验数据记录

长度/mm	电压峰 – 峰值/V	冲击周期/ms	发动机转速/(r·min⁻¹)
20	108	18.0	3 333
15	136	17.8	3 370
10	166	18.0	3 333
6	188	19.2	3 125

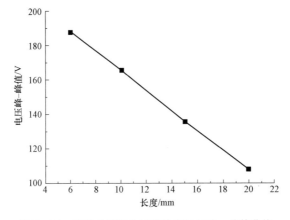

图 5 – 24　不同长度转换元件输出电压峰 – 峰值曲线

从输出电压波形图 5 – 23 可以看出,转换元件输出波形是一个有规律的阻尼谐振;在实验条件中,每组实验电动机的转速设置为相同。实际上,在转换元件长度变化时,电动机的转速有些变化,这可能与供给电动机的电压不稳定有关;从图 5 – 24 中可以看出,转换元件输出电压峰 – 峰值随着转换元件长度的缩短逐渐升高。

5.3.4　不同宽度转换元件对发电性能的影响

对不同宽度的转换元件的发电性能进行了测试,探索不同宽度转换元件对发电性能的影响的规律。同样,在其他参数和实验条件不变的情况下,改变转换元件的宽度进行对比实验,具体参数数值如表 5 – 6 所列,其中,转换元件的长度为 10 mm。

实验分别对宽度为 6 mm、5 mm、4 mm、3 mm、2 mm 的转换元件进行了发电实验,其中宽度为 5 mm、4 mm 的转换元件的输出电压波形如图 5-25 所示。

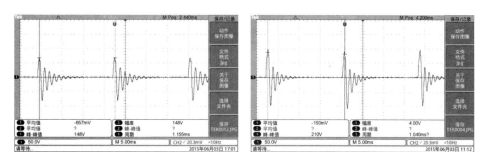

(a)　　　　　　　　　　　　　　　　(b)

图 5-25　不同宽度转换元件输出电压波形

(a)宽度 5 mm;(b)宽度 4 mm

　　对每组实验得到的数据如表 5-8 所列,从表中可以看出不同宽度转换元件的输出电压峰-峰值和发电机转速。图 5-26 所示为不同宽度转换元件输出电压的峰值曲线。

表 5-8　不同宽度转换元件实验数据记录

宽度/mm	电压峰-峰值/V	冲击周期/ms	发动机转速/(r·min⁻¹)
6	144	18.0	3 333
5	148	18.0	3 333
4	210	18.2	3 297
3	202	18.0	3 333
2	190	18.0	3 333

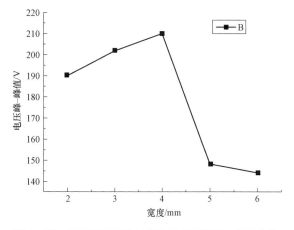

图 5-26　不同宽度转换元件输出电压的峰-峰值曲线

从图 5 – 26 中可以看出，转换元件宽度对发电性能的影响比较复杂，当宽度由 2 mm 增加到 4 mm 时，随着宽度的增加，转换元件的输出也增加；而当转换元件的宽度继续增加时，转换元件的输出反而减小了。初步分析产生该现象的原因是由于当梁的长度不变时，其宽度增加到一定程度时，扭转变形已不能被忽略，也即梁的响应中扭转变形增大，造成横向变形减小，从而使得压电材料产生的感应电荷量减少，致使输出电压降低。本实验条件下，输出电压峰值在宽度为 4 mm 时达到最大。

5.3.5 不同厚度压电材料对发电性能的影响

对不同厚度的压电材料的发电性能进行了测试，探索不同厚度的压电材料对发电性能的影响的规律。同样，在其他参数和实验条件不变的情况下，改变压电材料的厚度进行对比实验，具体参数数值如表 5 – 6 所列，其中，转换元件的长度为 10 mm，宽度为 4 mm。

实验中对厚度分别为 600 μm、200 μm、100 μm、50 μm、30 μm 的同一种 PVDF 压电材料组成的转换元件进行了实验，其中 PVDF 压电薄膜厚度为 200 μm 和 30 μm 的转换元件的输出电压波形如图 5 – 27 所示。

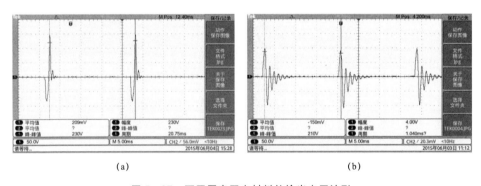

(a)   (b)

图 5 – 27　不同厚度压电材料的输出电压波形

(a) 200 μm 厚 PVDF 压电薄膜；(b) 30 μm 厚 PVDF 压电薄膜

对每组不同厚度压电材料的实验得到的数据如表 5 – 9 所列，从表中可以看出不同厚度压电材料的输出电压峰 – 峰值和发电机转速。图 5 – 28 所示为不同厚度压电材料输出电压峰 – 峰值对比图。

表 5 - 9 不同厚度压电材料实验数据

厚度/μm	电压峰 – 峰值/V	冲击周期/ms	电动机转速/(r·min⁻¹)
600	66	32.2	1 863
200	230	20.8	2 885
100	170	18.0	3 333
50	158	18.0	3 333
30	210	18.2	3 297

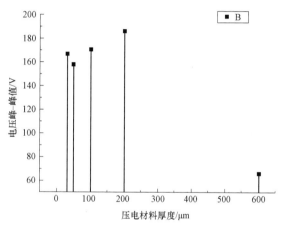

图 5 - 28   不同厚度压电材料转换元件输出电压峰 – 峰值对比图

从图 5 - 28 中可以看出，转换元件的厚度对发电性能的影响可以分为两种情况：当厚度小于 200 μm 时，转换元件的输出电压差别不大，也无太多规律可循，这可能是与实验条件不是非常一致有关；当厚度增加到 600 μm 时，转换元件的输出急剧下降，这是由于压电材料的厚度过厚，相同的冲击力产生的弯曲变形减小，导致其输出减小很多。

5.3.6   不同形状的转换元件对发电性能的影响

对不同形状的转换元件的发电性能进行了测试，探索不同形状转换元件对发电性能的影响的规律。同样，在其他参数和实验条件不变的情况下，改变转换元件的形状进行对比实验，具体参数数值如表 5 - 6 所列，其中转换元件的长度为 10 mm，宽度为 4 mm，压电材料厚度为 30 μm。

实验中分别对横截面为长方形、梯形、三角形的转换元件进行了发电实验，其输出电压波形如图 5 - 29 所示。

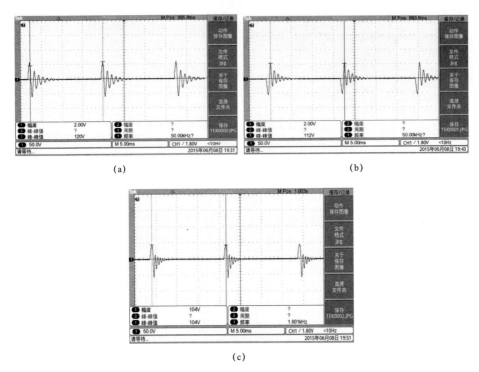

图 5-29 不同形状转换元件输出电压波形
（a）长方形；（b）梯形；（c）三角形

对每组不同形状转换元件实验得到的数据如表 5-10 所列，从表中可以看出不同形状转换元件的输出电压峰-峰值和电动机转速。图 5-30 所示为不同形状转换元件输出电压峰-峰值对比图。

表 5-10 不同形状转换元件实验数据

形状	电压峰-峰值/V	冲击周期/ms	电动机转速/（r·min⁻¹）
长方形	120	17.6	3 409
梯形	112	17.6	3 409
三角形	104	17.6	3 409

从表 5-10 中可以看出，转换元件的形状不同对电机转速的影响很小；从图 5-30 中可以看出，不同形状转换元件发电的效果也不大一样。其中，长方形转换元件的输出电压最高。

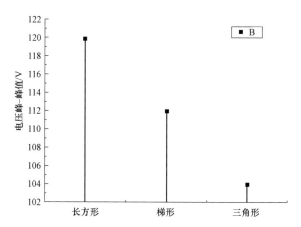

图 5－30　不同形状转换元件输出电压峰－峰值对比

5.3.7　不同机电转换类型的转换元件对发电性能的影响

压电材料有不同的机电转换类型，其中压电陶瓷由于其晶体的对称性，压电电荷系数 d_{31} 与 d_{32} 相等，而 PVDF 压电薄膜由于其晶体不对称，压电电荷系数 d_{31} 与 d_{32} 不相等，并且 d_{32} 远小于 d_{31}。实验对 PVDF 压电薄膜的不同机电转换类型的转换元件的发电性能进行了实验对比，输出电压对比结果如图 5－31 所示。从图中可以看到，d_{31} 模式的转换元件输出电压峰值能达到 180 V 左右，而 d_{32} 模式的转换元件输出电压峰－峰值小于 20 V。因此，在切割 PVDF 压电薄膜时要注意 PVDF 压电薄膜的 d_{31} 方向要与压电振子长度方向一致，避免将 d_{31} 模式与 d_{32} 模式混淆。

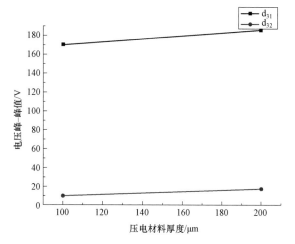

图 5－31　不同机电转换类型转换元件输出电压对比

5.3.8　不同种类压电材料对发电性能的影响

对不同种类压电材料的转换元件的发电性能进行了测试，探索不同种类压电材料转换元件对发电性能的影响的规律。同样，在其他参数和实验条件不变的情况下，改变压电材料的种类进行对比实验，具体参数数值如表 5 - 6 所列，其中，转换元件的长度为 10 mm，宽度为 4 mm，形状为长方形。

实验分别对普通 PVDF、e - Touch、金属化压电薄膜的转换元件进行了发电实验，其输出电压波形如图 5 - 32 所示。

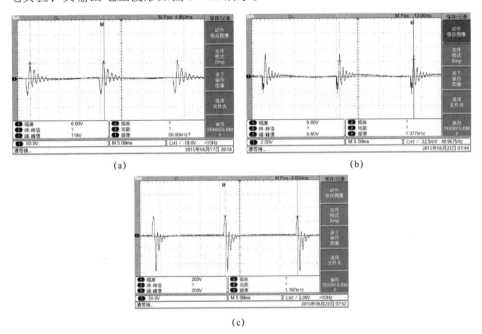

图 5 - 32　不同种类压电材料的输出电压波形
（a）普通 PVDF；（b）e - Touch；（c）金属化压电薄膜

对每组不同种类的压电材料实验得到的数据如表 5 - 11 所列，从表中可以看出不同种类的压电材料的输出电压峰 - 峰值和电动机转速。图 5 - 33 所示为不同种类的压电材料输出电压峰 - 峰值对比图。

表 5 - 11　不同种类的压电材料实验数据

材料	电压峰 - 峰值/V	周期/ms	电动机转速/（r · min⁻¹）
普通 PVDF	118	17.8	3 371
e - Touch	5.6	17.6	3 409
金属化压电膜	200	18.0	3 333

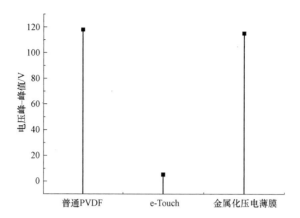

图 5-33　不同种类的压电材料输出电压峰 - 峰值对比

从图 5-33 中可以看出，e-Touch 的输出电压最小，不适合作为转换元件的发电材料，原因可能是其压电电荷系数 d_{31} 太小；普通 PVDF 是转换元件常用的发电材料，其输出电压比较高；金属化压电薄膜的输出电压比普通 PVDF 略高。因此，在冲击式压电发电机发电材料的选择中，普通 PVDF 和金属化压电薄膜都比较合适。

5.3.9　不同层数压电薄膜对发电性能的影响

对不同层数压电薄膜的转换元件的发电性能进行了测试，探索不同层数压电薄膜转换元件对发电性能的影响的规律。同样，在其他参数和实验条件不变的情况下，改变压电薄膜的层数进行对比实验，具体参数数值如表 5-6 所列，其中，转换元件的长度为 10 mm，宽度为 4 mm，形状为长方形。

实验分别对单层、双层、三层压电薄膜的转换元件进行了发电实验，其输出电压波形如图 5-34 所示。

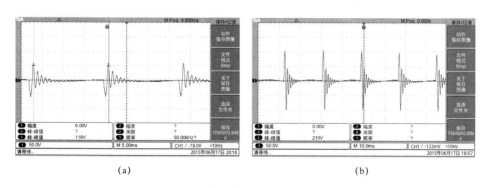

(a)　　　　　　　　　　　　　　　(b)

图 5-34　不同层数压电薄膜的转换元件输出电压波形

（a）单层；（b）双层

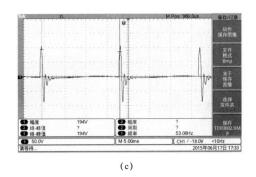

（c）

图 5 – 34　不同层数压电薄膜的转换元件输出电压波形（续）

（c）三层

对每组不同层数压电薄膜实验得到的数据如表 5 – 12 所列，从表中可以看出不同层数的压电薄膜的输出电压峰 – 峰值和电动机转速。图 5 – 35 所示为不同层数的压电薄膜输出电压峰 – 峰值对比图。

表 5 – 12　不同层数压电薄膜实验数据

层数	电压峰 – 峰值/V	周期/ms	电动机转速/（r·min⁻¹）
1	118	17.8	3 371
2	210	18.2	3 297
3	194	18.6	3 226

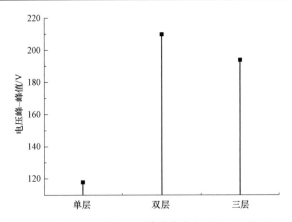

图 5 – 35　不同层数的压电薄膜输出电压峰 – 峰值对比

从图 5 – 35 中可以看出，双层压电薄膜串联结构比单层压电薄膜结构发电输出电压高出近 1 倍，而三层串联结构没有达到输出电压叠加的效果。在实际使用中，采用压电双晶片对压电发电机发电性能的提高会起一定作用。

5.3.10　不同转速对发电机发电性能的影响

对不同转速下压电发电机的发电性能进行了测试，探索不同转速对发电机发电性能的影响的规律。同样，在其他参数和实验条件不变的情况下，改变发电机转速进行对比实验，具体参数数值如表 5-6 所列，其中，转换元件的长度为 10 mm，宽度为 4 mm，形状为长方形，结构类型为压电单晶片。

本次实验对不同转速下（2 000～8 000 r/min）压电式发电机的发电性能进行了实验，其中转速 2 000 r/min 和 5 000 r/min 的输出电压波形图如图 5-36 所示。

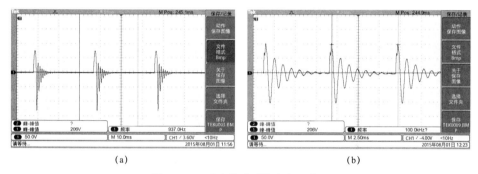

| (a) | (b) |

图 5-36　不同转速时输出电压波形

（a）转速 2 000 r/min；（b）转速 5 000 r/min

图 5-37 所示为不同转速下转换元件的输出电压峰-峰值曲线图，从图中可以看出转速与输出电压之间的关系。

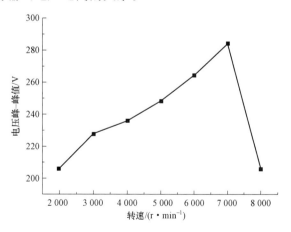

图 5-37　不同转速下转换元件的输出电压峰-峰值曲线图

从图 5-37 中可以看出，随着转速的不断增加，发电机输出电压峰-峰值也不断提高，到 7 000 r/min 时达到峰-峰值；超过 7 000 r/min 时，输出电压峰–峰值开始下降。因此，在设计冲击式压电发电机时，在转换元件确定的结构参数和材料性能参数下，应考虑让冲击齿旋转速度在一个合适的范围内，以保证发电机发电效果最佳。

| 5.4 冲击式压电发电机性能测试 |

在 5.3 节研究转换元件不同参数对发电机发电性能影响的基础上，根据冲击式压电发电机的实际应用情况，设计发电机结构，加工所有零件并且组装成发电机整机，对发电机的整体性能测试。

5.4.1 冲击式压电发电机设计

5.1 节提出了非旋转环境下和旋转环境下的冲击式压电发电机的基本结构，在非旋转环境中，将冲击式压电发电机设计成方形结构，发电机壳如图 5 – 38 所示。该发电机由壳体、涡轮、轴、冲击齿、轴承和夹具等组成，该设计便于转换元件的固定。在轴的设计上，提出了冲击齿与轴一体化设计的想法，其结构图如图 5 – 39（a）所示。为了便于在夹具上焊接电极，夹具材料采用铜材料，夹具实物图如图 5 – 39（b）所示。

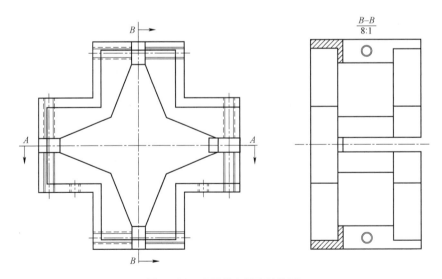

图 5 – 38　方形发电机壳结构图

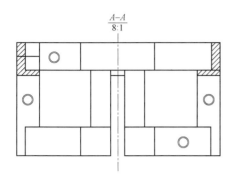

图 5-38 方形发电机壳结构图（续）

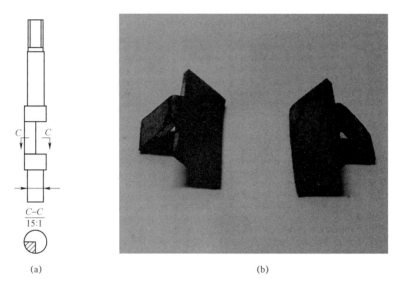

(a) (b)

图 5-39 非旋转环境下发电机轴和夹具结构

（a）发电机轴结构；（b）夹具实物图

在旋转环境中，冲击式压电发电机设计成圆柱形结构，发电机壳结构如图 5-40 所示。发电机轴的设计如图 5-41 所示，轴的设计便于转换元件的固定。

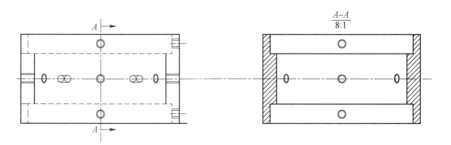

图 5-40 圆柱形发电机壳结构图

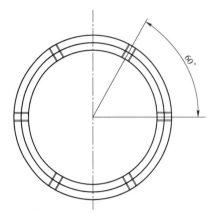

图 5 - 40　圆柱形发电机壳结构图（续）

　　该发电机壳体的材料采用聚甲醛，发电机整体的装配分解图如图 5 - 42 所示，加工并组装后的冲击式压电发电机整体结构如图 5 - 43 所示。图 5 - 43（a）所示为非旋转环境下使用的冲击式压电发电机，图 5 - 43（b）所示为旋转环境下的发电机。

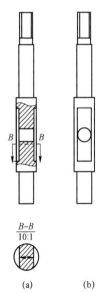

图 5 - 41　发电机轴结构图

图 5 - 42　冲击式压电发电机装配分解图

　　从图 5 - 43 中可以看出，本章设计的冲击式压电发电机体积很小，方形发电机的外轮廓尺寸为 22 mm × 22 mm × 12 mm，圆柱形发电机的直径为 22 mm，高为 12 mm。方形发电机最多可以安装 4 个转换元件，而圆柱形发电机的转换元件则安装在轴上，在发电机壳内壁四周最多可以安装 6 个冲击齿。

（a）　　　　　　　　　　　　　　（b）

图 5-43　冲击式压电发电机实物图

（a）方形发电机；（b）圆柱形发电机

5.4.2　冲击式压电发电机的整体性能测试平台

冲击式压电发电机组装完成后，对其发电性能进行测试。该测试实验采用鼓风机为涡轮发电机提供动能，鼓风机的型号为 HAOBANG HB9026，额定电压为 220 V，风速范围为 0~50 m/s 且可以直接通过手动控制风速的大小。在实验中，风速为 30 m/s 左右。冲击式压电发电机的固定平台质量较大，防止被鼓风机吹动。冲击式压电发电机通过夹具与固定平台连接，通过电源管理电路进行能量收集，并使用示波器观察实验结果，实验装置如图 5-44 所示。

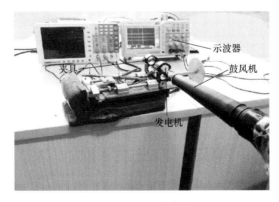

图 5-44　实验装置

5.4.3 冲击式压电发电机开路输出实验

对于非旋转环境下的冲击式压电发电机结构,其外壳最多可安装 4 个转换元件。5.2 节对冲击齿和转换元件的匹配分析结果表明,在风速为 30 m/s 和冲击齿数为 1 的情况下,4 个转换元件的压电冲击式发电机发电性能最好。这里将安装三种转换元件数量不同的发电机(转换元件数量分别是 1、2、3),分别对这三种冲击式压电发电机进行发电性能测试实验。实验所用冲击式压电发电机如图 5−45 所示,从左到右,发电机转换元件个数分别是 1、2、4。实验时,每路转换元件的输出单独接示波器观测。

图 5−45 三种不同冲击式压电发电机实物图

通过示波器直接观测冲击式压电发电机的输出,并记录其输出电压波形。其中一路的输出电压波形如图 5−46 所示。分别记录三种不同的冲击式压电发电机的输出电压参数,实验结果如表 5−13 所列。

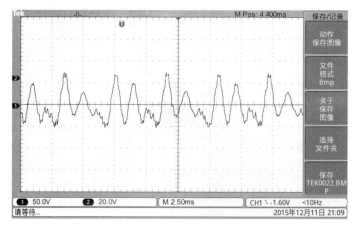

图 5−46 发电机输出波形图

表 5 – 13　不同转换元件数量的冲击式压电发电机输出电压参数

转换元件数量	输出电压峰 – 峰值/V	周期/ms	发电机转速/ (r · min⁻¹)
1	118	4.1	14 630
2	100	6.7	8 960
4	88	9.2	6 520

从表 5 – 13 中可以看出，在相同风速的情况下，转换元件数量越多，冲击轮转速越慢，转换元件的输出电压峰 – 峰值越低。虽然转换元件数量越多的发电机单个转换元件的输出电压小，但是其转换元件数量多，从输出电压峰 – 峰值比较来看，4 路转换元件的峰值叠加显然大于 1 路转换元件和 2 路转换元件的叠加峰值。因此，在风速为 30 m/s 时，4 路输出的电压最高。下面，进一步通过给电容充电来验证每个发电机的发电性能。

5.4.4　冲击式压电发电机发电性能对比

为了进一步验证冲击式压电发电机转换元件的最佳数量，对三种发电机进行电容充电对比实验。对于具有多个转换元件的发电机，首先在每一路转换元件后分别连接一个整流器；然后几路整流后的信号并联给 100 μF 的电容充电。电容充电曲线如图 5 – 47 所示。

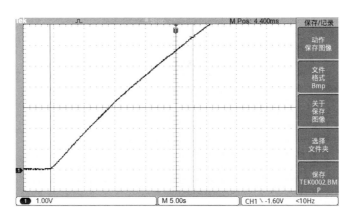

图 5 – 47　电容充电曲线

从发电机对比实验中可以看出，三种不同的冲击式压电发电机对电容充电的效果不同。表 5 – 14 列出了每种发电机对 100 μF 电容充电的具体数据。

表 5 – 14　每种发电机对 100 μF 电容充电数据

转换元件数量　　　　　　　　　　　　　　　　电容电压/V	充电时间/s		
	1	2	4
1	9.6	3.4	1.2
2	19.6	6.4	2.8
3	35.2	9.8	4.8
4	66.2	13.6	6.6
5	97.5	17.8	8.6

从表 5 – 14 中可以看出，在相同风速下，不同转换数量的冲击式压电发电机对 100 μF 电容充电，转换数量为 4 时，充电速度最快；转换数量为 1 时，充电速度最慢。实验表明，在风速为 30 m/s 和冲击齿数为 1 的情况下，最佳转换元件数量为 4，这与 5.2 节对冲击齿与转换元件的匹配分析结果一致。

5.4.5　冲击式压电发电机结构设计优化

在实验中，冲击式压电发电机采用的转换元件结构形式为压电单晶片。在 5.3 节冲击式压电发电机的基础实验中，对串联压电双晶片的输出性能进行了简单的实验，发现串联压电双晶片的输出电压高于压电单晶片。为了对冲击式压电发电机结构设计进一步优化，对串联压电双晶片和并联压电双晶片的发电性能进行进一步实验分析，压电双晶片的连接方式分为串联和并联两种，如图 5 – 48 所示。

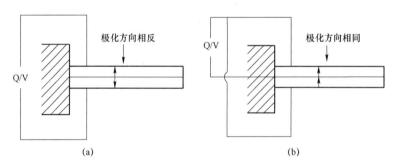

图 5 – 48　压电双晶片连接方式
（a）串联双晶片；（b）并联双晶片

根据压电单晶片、串联压电双晶片、并联压电双晶片的结构形式设计装配了如图 5 – 49 所示的三种冲击式压电发电机，从左到右，结构形式分别为压电单晶片、串联压电双晶片、并联压电双晶片。在实验中，将 4 路转换元件的输出信号分别整流再并联对 100 μF 电容充电。表 5 – 15 列出了三种冲击式压电发电机的具体发电性能参数。

图 5 – 49　不同结构形式压电发电机

表 5 – 15　不同结构形式冲击式压电发电机发电性能参数

结构形式	输出电压峰 – 峰值/V	周期/ms	发电机转速/ (r · min⁻¹)
单晶片	100	8.3	7 230
串联	138	8.5	7 060
并联	89.6	8.8	6 820

从表 5 – 15 中可以看出，串联压电双晶片输出电压最高，并联压电双晶片输出电压最低。将三种冲击式发电机分别对 100 μF 电容充电，可以得出每个发电机的充电电压与时间的关系如图 5 – 50 所示。

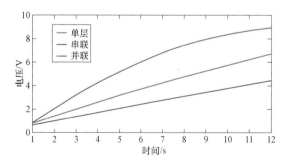

图 5 – 50　不同结构发电机充电电压与时间曲线

　　经过充电对比实验，可以发现，并联压电双晶片结构形式的发电机发电效果最好，压电单晶片次之，串联压电双晶片发电效果最差。从理论上来分析，每片压电元件可以等效为一个电容器，由电容的串并联原理可知，串联压电双晶片的输出电压为压电单晶片的 2 倍，电容为 1/2 倍；而并联压电双晶片的输出电压等于压电单晶片的输出电压，电容为其 2 倍。实际情况中，由于转换元件安装以及鼓风机风速不稳定等因素的影响，导致串联压电双晶片输出电压不到压电单晶片的 2 倍，并联压电双晶片输出电压略小于压电单晶片的输出电压。根据 $Q=CU$ 可知，并联压电双晶片的输出电荷量最大，是压电单晶片的 1.8 倍；串联压电双晶片的输出电荷最小，是压电单晶片的 0.7 倍。因此，在设计冲击式压电发电机时，可采用并联压电双晶片结构形式的转换元件。

5.4.6　冲击式压电发电机功率输出

　　从 5.4.5 节对于冲击式压电发电机结构优化中可以看出，并联压电双晶片结构形式的压电发电机相比于压电单晶片结构的压电发电机，其充电效率显然提高了不少。从图 5-49 中可以看出，对 100 μF 电容充电，在 5 s 之内，可以充到 5 V 以上。本小节将针对并联压电双晶片结构形式的压电发电机，测试其带负载的功率输出。

　　在实验中，以电位器为负载，电位器阻值的改变意味着电路负载的改变。负载两端电压随时间变化的曲线如图 5-51 所示。不同负载下，冲击式压电发电机的输出功率如图 5-52 所示。

　　从图 5-52 中可以看出，当负载阻值为 120 kΩ 时，发电机输出功率最大达到 0.62 mW。

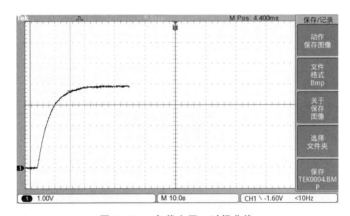

图 5-51　负载电压—时间曲线

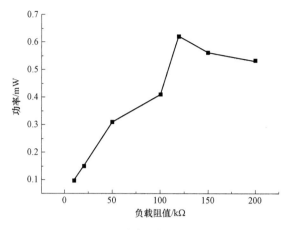

图 5-52 功率—负载阻值曲线

|小 结|

本章首先设计了冲击式压电发电机的结构。在非旋转环境中，将冲击式压电发电机设计成方形结构，为了便于引出电极，设计了简单合理的夹具；在旋转环境中，冲击式压电发电机设计成圆柱形结构。

对不同结构形式的冲击式压电发电机进行了发电性能测试实验。实验结果表明，三种不同转换元件的冲击式压电发电机中，4 个转换元件的发电机发电效果最佳；三种不同转换元件结构形式的发电机中，并联压电双晶片结构的发电机发电性能最好。

最后，对冲击式压电发电机的输出能力进行了测试。实验结果表明，在 30 m/s 的风速下，对 100 μF 电容充电，在 4.8 s 后，电容两端输出电压为 5.2 V；冲击式压电发电机的最佳负载为阻值为 120 kΩ，此时发电机的输出功率可达 0.62 mW。

第 6 章

侵彻引信冲击式磁电发电机

本章介绍一种侵彻引信冲击式磁电发电机，该发电机是基于电磁感应原理，利用弹体在侵彻硬目标过程中引信所受的冲击过载，驱动永磁体产生相对于线圈的运动，使线圈中产生感应电动势，从而产生电能，为引信电路系统供电。

| 6.1 侵彻引信冲击式磁电发电机工作原理 |

侵彻引信冲击式磁电发电机是基于法拉第电磁感应定律，从永磁体与立体线圈的相对直线运动中采集能量，并转换为电能供给引信电路使用。该磁电式发电机采用动磁铁型结构，如图 6-1 所示。圆柱形永磁体通过两个机械弹簧安装于支撑壳体内，感应线圈则安装固定于支撑壳体外壁。侵彻过程中，永磁体在惯性力的作用下，将与固定在支撑壳体上的线圈产生相对直线运动，线圈中磁通量发生改变，使线圈中产生感应电动势。而当冲击作用消失后，在双弹簧作用下，永磁体还将进行自由振动继续发电。这就保证了在整个侵彻过程中，发电机能够持续发电。线圈产生的感应电动势经整流、滤波、稳压后接入引信电路，即产生感应电流。载流线圈在永磁体磁场作用下，会受到电磁力的作

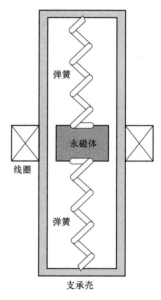

图 6-1 侵彻引信冲击式磁电发电机结构示意图

用，其反作用力会对永磁体的振动产生影响。因此，侵彻引信冲击式磁电发电机是由冲击拾振单元和磁电单元构成的一个相对复杂的力 – 电 – 磁耦合系统。下面首先对两个单元的特性进行理论建模和分析；然后在此基础上建立系统的理论模型。

6.1.1　冲击拾振单元

侵彻引信冲击式磁电发电机的冲击拾振单元由永磁体及弹簧组成。当弹体碰撞侵彻目标时，永磁体在前冲惯性力的作用下，与固定于支撑壳体上的立体线圈产生相对直线运动。当冲击作用消失后，冲击拾振单元将进入自由振动状态。因此，可将冲击拾振单元等效为质量 – 弹簧 – 阻尼系统在支承运动激励下的情况，对其动力学响应特性进行分析，其系统等效模型如图 6 – 2 所示。

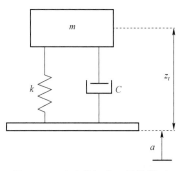

图 6 – 2　冲击拾振单元等效模型

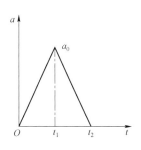

图 6 – 3　加速度简化模型

对于图 6 – 2 所示的系统，可建立其动力学方程：

$$m\ddot{z}(t) + c\dot{z}(t) + kz(t) = -ma(t) \tag{6-1}$$

式中：$z(t)$ 为质量块相对支承壳体的位移；m 为质量块质量，即冲击拾振单元的等效质量；k 为冲击拾振单元等效刚度；c 为冲击拾振单元阻尼系数；a 为支承壳体的加速度；

对于弹体侵彻目标情况，加速度 a 可简化等效为如图 6 – 3 所示的冲击加速度。

对于式（6 – 1）利用杜哈梅积分，可得

$$
\begin{cases}
z(t) = -\dfrac{p_0}{k}\dfrac{t}{t_1} + \dfrac{p_0}{k}\dfrac{1}{t_1}\left\{\dfrac{\zeta}{\omega_d}[\cos\varphi - I_1] - \dfrac{1}{\omega_n}[-I_2 - \sin\varphi]\right\}, \quad 0 \leqslant t < t_2 \\[4mm]
z(t) = -\dfrac{2p_0}{k} + \dfrac{p_0}{k}\dfrac{t}{t_1} + \\[4mm]
\qquad \dfrac{p_0}{k}\dfrac{1}{t_1}\left\{\dfrac{\zeta}{\omega_d}[2I_1(t-t_1) - \cos\varphi - I_1] - \dfrac{1}{\omega_n}[2I_2(t-t_1) - I_2 + \sin\varphi]\right\}, \quad t_1 < t < t_2 \\[4mm]
z(t) = -\dfrac{p_0}{k}\dfrac{t}{t_1}\left\{\dfrac{\zeta}{\omega_d}[2I_1(t-t_1) - I_1 - I_1(t-t_2)] - \dfrac{1}{\omega_n}[2I_2(t-t_1) - I_2 - I_2(t-t_2)]\right\}, \quad t_2 \leqslant t
\end{cases}
$$

$$\tag{6-2}$$

式中：$p_0 = ma_0, I_1 = e^{-\zeta\omega_n t}\cos(\omega_d t - \varphi), I_2 = e^{-\zeta\omega_n t}\sin(\omega_d t - \varphi)$。

由式（6-2）可见，该系统的响应可分为受迫振动响应和自由振动响应两个阶段。在 $0 \leqslant t < t_1$ 和 $t_1 \leqslant t < t_2$ 期间，系统处于受迫振动阶段，该阶段系统的响应主要由侵彻作用决定；在 $t_2 \leqslant t$ 期间，系统处于自由振动阶段，此时侵彻作用对系统所形成的激励已消失，系统响应与受迫振动阶段结束时的速度、位移以及系统的固有频率、阻尼有关。

6.1.2 磁电单元

侵彻引信冲击式磁电发电机的磁电单元功能是将冲击拾振单元采集到的机械能转换为电能，主要由永磁体及立体线圈构成。

根据法拉第电磁感应定律，磁电单元产生的感应电动势由通过线圈平面的磁通量的变化率决定，即

$$E_s = -\frac{\mathrm{d}\varphi_z}{\mathrm{d}t} = -\frac{\mathrm{d}\varphi_z}{\mathrm{d}z}\frac{\mathrm{d}z}{\mathrm{d}t} = -\frac{\mathrm{d}\varphi_z}{\mathrm{d}z}\dot{z} \qquad (6-3)$$

式中：E_s 为单匝线圈产生的感应电动势；φ_z 为该匝线圈所在位置上通过的磁通；$\dot{z}$ 为感应线圈相对于永磁体的运动速度。

由式（6-3）可以看出，磁电单元产生的感应电动势与线圈所处的磁场以及永磁体与线圈的相对运动速度有关，在磁场一定的情况下，运动速度越快则产生的感应电动势越大。对于匝数为 N 的多匝线圈，线圈产生的总感应电动势可表示为

$$E = \sum_{s=1}^{N} E_s \qquad (6-4)$$

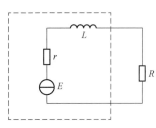

图6-4 磁电单元等效电路模型

根据磁电单元的工作原理，可将其等效为如图6-4所示的等效电路模型，由一个电压源 E、内阻 r 和自感线圈 L 构成。当发电机与负载（引信电路）R 构成闭合电路势，电路中将有电流 i 流过，即实现对引信电路供电。

由基尔霍夫定律，有

$$L\frac{\mathrm{d}i}{\mathrm{d}t} + (R+r)i = E \qquad (6-5)$$

6.1.3 磁电发电机系统模型

综合上述冲击拾振单元和磁电单元的理论模型，可建立磁电发电机系统模型，如图6-5所示。

永磁体相对线圈运动时，会在线圈中产生感应电动势，当电机带负载形成闭合回路时，线圈中将会有电流，则线圈在磁场中受到的电磁力，表现为对永磁体的反作用力。该作用力会对冲击拾振单元的运动产生一定的阻碍作用，影响对能量的采集，进而决定电磁单元的能量转换效率。基于虚功原理，若只考虑在 z 方向，该作用力可表示为

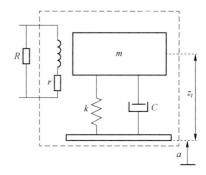

图 6-5 冲击式磁电发电机系统模型

$$F_{em} = \frac{\partial W}{\partial z} = -\frac{\mathrm{d}\varphi}{\mathrm{d}z} i \qquad (6-6)$$

由式（6-3）和式（6-6）可以看出，磁电发电机的冲击拾振单元与磁电单元是通过 $\dfrac{\mathrm{d}\varphi_z}{\mathrm{d}z}$ 相互作用。外界的加速度激励使永磁体与线圈产生相对速度 $\dot{z}$，通过 $\dfrac{\mathrm{d}\varphi_z}{\mathrm{d}z}$ 产生感应电动势 $E_s = -\dfrac{\mathrm{d}\varphi_z}{\mathrm{d}z}\dot{z}$。当线圈带负载，即接入引信电路中时，产生电流 i，又是通过 $\dfrac{\mathrm{d}\varphi_z}{\mathrm{d}z}$ 产生一个反作用力 $F_{em} = -\dfrac{\mathrm{d}\varphi}{\mathrm{d}z} i$ 阻碍永磁体的振动，这里将 $\dfrac{\mathrm{d}\varphi_z}{\mathrm{d}z}$ 称为机电磁耦合因子。

综合上述分析，侵彻引信冲击式磁电发电机的状态方程可表示为

$$\begin{cases} m\ddot{z}(t) + c\dot{z}(t) + kz(t) + F_{em} = -ma(t) \\[2mm] E_s = -\dfrac{\mathrm{d}\varphi_z}{\mathrm{d}z}\dot{z} \\[2mm] L\dfrac{\mathrm{d}i_{em}}{\mathrm{d}t} + (R+r)i_{em} = \sum_{s=1}^{N} E_s \end{cases} \qquad (6-7)$$

由此得出，侵彻引信冲击式磁电发电机的冲击拾振单元和磁电单元之间的耦合作用主要通过 $\dfrac{\mathrm{d}\varphi_z}{\mathrm{d}z}$。因此，增大 $\dfrac{\mathrm{d}\varphi_z}{\mathrm{d}z}$ 可提高电磁单元的输出电压 $\sum\limits_{s=1}^{N} E_s$，但同时也会增大对机械单元的反馈作用力 F_{em}。因此，在发电机设计时需要综合考虑此因素，以便获得最大电能输出。

|6.2　冲击拾振单元设计|

6.2.1　永磁体材料的选择

　　永磁体不仅提供磁场，在电磁单元中实现机械能到电能的转换，而且在拾振单元中作为质量块影响固有频率，决定拾振单元的响应特征。永磁体的质量、磁性能和抗冲击性能等都与材料相关，因此永磁体的材料选择至关重要。

　　永磁材料又称为"硬磁材料"，是指磁体受到外部磁场磁化后，即使去掉外磁场作用仍能长久地保留磁性的材料。

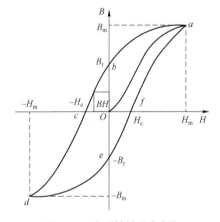

图 6-6　永磁材料磁滞曲线

　　图 6-6 所示为永磁材料的磁滞曲线，当材料未被磁化时，随着 H 由零增大，B 沿 Oa 段上升。此时减小 H，B—H 关系并不是沿 aO 返回，而是沿 ab 段变化。当 H 减至为零时，B 并不为零，而是保留一定的数值 B_r，称为剩余磁感应强度（简称剩磁）。为了消除剩磁，沿 bc 段加反向磁场，直到反向磁场强度达到 $-H_c$ 时，$B=0$，H_c 称为永磁材料的矫顽力。永磁材料在工作时没有外界的磁场激励，而是依靠自身的剩磁产生磁场，所以工作在第二象限，磁滞回线在第二象限内的部分（图中 bc 段）称为退磁曲线。退磁曲线上的任意一点的 B 和 H 的乘积，称为磁能积，其代表了单位体积永磁材料内储藏的磁场能量。

　　通常在选择永磁材料时，主要是考虑表 6-1 所列的特征参数。在相同体积下，这三个参数越大，永磁体越能提供更强的磁场，将越利于达成发电机"小体积"和"高能量"的技术指标，此外还应综合考虑永磁材料的抗冲击、耐热性、耐蚀性和脆性等。

　　对于侵彻冲击式磁电发电机而言，永磁体需要具有高剩磁、高矫顽力、高磁能积、较好的抗振动与冲击能力、性能稳定和价格合理等特点。综合对比目前常用的铝镍钴永磁材料、铁氧体永磁材料、稀土永磁材料三类永磁材料，设计中选用牌号为 N-35 的钕铁硼永磁材料，具体性能参数见表 6-2。

表 6 - 1　反映永磁材料性能的特征参数

磁性能参数	物理意义
剩余磁感应强度 B_r	单位为 T，B_r 越大时，永磁性越好
矫顽场强度 H_c	表征材料抵抗退磁的能力，单位为 A/m
磁能积 BH	表征磁性材料单位体积对外产生的磁场总贮存能量，单位为 kJ/m³

表 6 - 2　钕铁硼 N - 35 性能参数

性能参数	标准值
剩磁 B_r	1.20 T
矫顽力 H_c	900 kA/m
最大磁能积 $(BH)_{max}$	279 kJ/m³
工作温度	≤80℃

6.2.2　冲击拾振单元参数设计

　　侵彻引信冲击式磁电发电机拾振单元的响应，不仅直接影响到发电机的输出性能，还决定了发电机的尺寸大小。其响应主要受系统固有频率、阻尼和侵彻环境力的影响，固有频率又由永磁体质量和系统等效刚度所决定。本节主要进行拾振单元的参数设计，即对发电机侵彻环境力、阻尼和固有频率进行分析与设计。在弹簧工艺技术能够实现的范围内，在发电机体积允许的范围内，进行拾振单元参数设计。

　　侵彻引信冲击式磁电发电机的基本功能是将弹体侵彻目标过程中所受侵彻冲击转换为电能为电路系统供电，因此侵彻环境力是发电机的激励，也是开展发电机结构设计的基本输入条件。

　　侵彻环境力是弹丸碰击目标及侵彻目标过程中弹体受到的阻力，受到诸多因素的影响，如弹体的速度、弹体与目标的碰击姿态、目标特性、侵彻部位的形状尺寸与物理特征等。对于引信内部的零件来说，侵彻环境力即前冲力，是因弹丸与碰击目标碰撞时突然发生急剧减速，引信的内部零件受到与弹丸加速度相反的惯性力。对于侵彻环境力，从其数学描述来看，目前尚无统一的公式进行描述，目前常用的公式基本都是根据实验数据得到的经验公式。但是，就侵彻环境力的基本特征来看，可将其视作如图 6 - 3 所示的冲击过载用于发电机结构的理论设计。由于侵彻环境力或侵彻过载与弹体、靶板等因素有关，因此在进行发电机参数设计时也应充分考虑这些因素。在设计中，主要以侵彻多层靶

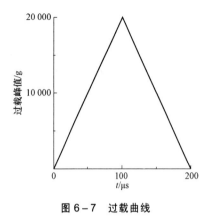

图 6-7 过载曲线

板为例，开展发电机的设计。根据相关实验测试，侵彻过载作用时间为 100～200 μs，过载峰值约 20 000 g，如图 6-7 所示。

这里设计的发电机除冲击下发电外，其持续发电功能就是依靠拾振单元在冲击作用消失后的自由振动采集能量。因此，拾振单元的振动幅值越高，越有利于能量采集。但是，响应幅值越大表明永磁体的运动距离越大，直接导致发电机整体尺寸越大。应合理考虑"高能量"和"小体积"的要求，设计系统的固有频率和阻尼，得出适当的响应幅值。

1. 阻尼

发电机工作时，拾振单元不仅存在结构阻尼和空气阻尼，还应考虑电磁阻尼。

任意系统的结构阻尼都不可避免，这里不作讨论。另外，发电机工作时，即永磁体在密闭空间内发生快速振动，经验公式表明物体受到的空气阻尼与速度的平方成正比。因此，为避免较大的空气阻尼影响，将发电机拾振单元抽成真空状态。而从理论分析可知，电磁阻尼虽然表现为对永磁体振动的阻碍，另外直接反映从机械能到电能的转换效率，因此在一定范围内越大越好。

发电机工作时，存在结构阻尼 c_p、空气阻尼 c_a 和电磁阻尼 c_e，则系统的总阻尼为 $c = c_p + c_a + c_e$。若设结构阻尼比 ζ_p、空气阻尼比 ζ_a 和电磁阻尼比 ζ_e，存在以下关系：

$$\zeta_p = \frac{c_p}{2m\omega_n} \tag{6-8}$$

$$\zeta_a = \frac{c_a}{2m\omega_n} \tag{6-9}$$

$$\zeta_e = \frac{c_e}{2m\omega_n} \tag{6-10}$$

$$\zeta = \zeta_p + \zeta_a + \zeta_e = \frac{c_p}{2m\omega_n} + \frac{c_a}{2m\omega_n} + \frac{c_e}{2m\omega_n} = \frac{c}{2m\omega_n} \tag{6-11}$$

设拾振单元固有频率 $f = 1\ 000\ \text{Hz}$，总阻尼比 ζ 分别为 0.1、0.3 和 0.5，受到如图 6-7 的加速度激励时，运用 Maple 软件进行数值仿真，得到拾振单元的响应与阻尼比的关系曲线如图 6-8 所示。

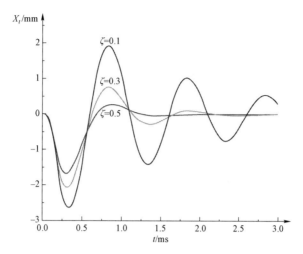

图 6-8 $f=1\,000\,\text{Hz}$，响应与阻尼比 ζ 的关系曲线

由图 6-8 可见，阻尼实则为系统机械能的消耗，总阻尼越小越有利于拾振单元能量的采集。目前，该系统的阻尼比难以进行精确计算，只能根据具体结构进行实验测试。根据实验测试，预估发电机拾振单元系统总阻尼比约为 0.1。

2. 固有频率

在总阻尼比 $\zeta=0.1$，对拾振单元固有频率 f 分别为 $2\,000\,\text{Hz}$、$1\,000\,\text{Hz}$ 和 $500\,\text{Hz}$，受到如图 6-7 所示的加速度激励时，运用 Maple 软件进行数值仿真，得到拾振单元的响应与固有频率 f 的关系曲线如图 6-9 所示。

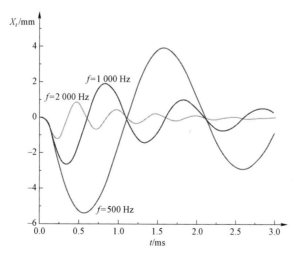

图 6-9 $\zeta=0.1$ 时，响应与固有频率 f 的关系曲线

可见固有频率极大影响拾振单元的响应，频率越低，拾振单元采集能量越多，但同时永磁体的最大位移会影响发电机的尺寸。通过多次仿真计算，得到在该种加速度激励下，系统固有周期 f 与最大位移 $x(t)_{max}$ 如表 6−3 所列。

表 6−3 系统固有频率 f 与最大位移 $x(t)_{max}$

固有频率 f/Hz	最大位移 $x(t)_{max}$/mm
2 000	1.1
1 667	1.4
1 250	2.0
1 000	2.5
833	3.0
714	3.6
500	5.3

永磁体材料为钕铁硼 N−35，密度为 7.5 g/cm³。基于发电机整体尺寸，设计拾振单元固有频率 f 为 1 000 Hz，此时最大位移为 2.5 mm，确定永磁体为圆柱形，半径为 3.5 mm。根据 $\omega_n = \sqrt{\dfrac{k}{m}} = 2\pi f$，得到永磁体高度 h、质量 m 与对应的弹簧刚度 k 如表 6−4 所列。

表 6−4 永磁体高度 h、质量 m 与等效弹簧刚度 k

永磁体高度 h/mm	永磁体质量 m/g	等效弹簧刚度 k/（N·mm⁻¹）
1	0.29	11.3
2	0.58	22.7
3	0.86	33.9
4	1.16	45.2
5	1.45	56.5

永磁体高度越大，所提供的有效磁场越大，越有利于能量转换。但是，同时对机械直线弹簧的刚度要求越高。综合考虑机械直线弹簧的尺寸和刚度，选取永磁体高度为 3 mm，拾振单元等效刚度为 34 N/mm。

6.2.3 机械直线弹簧设计

本设计中侵彻引信冲击式磁电发电机为双簧永磁体内置式。永磁体作为动子，其 N、S 极被两根相同的机械直线弹簧黏结，并分别固定到支承物的上、下端面，构成拾振单元。

永磁体作为动子，比感应线圈质量轻很多，有利于减小机械直线弹簧加工难度。机械直线弹簧是拾振单元中的重要部件，直接影响到拾振单元采集能量的效率。且其双簧式的结构设计，实质为弹簧并联，不仅有助于提高拾振单元等效刚度，在冲击振动中起到对弹簧的保护作用，而且使拾振单元在振动过程中减少对管壁的摩擦和撞击。本设计中发电机应具有持续发电功能，这就要求弹簧在冲击作用下不损伤。

基于发电机双簧式结构和拾振单元参数设计，进行圆柱螺旋压缩弹簧的设计。在满足工况的刚度条件、最大变形量、最大工作载荷等条件下，确定弹簧丝材料与直径、弹簧中径、弹簧有效圈数和弹簧高度等参数。满足条件的弹簧参数并不唯一，因此通常采用试算的方法，即先选择一组初始参数，验证刚度、强度和稳定性是否满足设计要求。若设计过程中，试算结果出现不符合要求的情况，则改变弹簧的某些参数，从头设计。具体来说，弹簧的设计分为以下几个步骤。

（1）根据工况，选择弹簧材料。弹簧的性能和使用寿命，在很大程度上取决于弹簧材料。该发电机的弹簧用于冲击作用中，需要具有较高的弹性极限和疲劳强度，这就要求弹簧材料要有足够的韧性和塑性。除此之外，应考虑到材料的工艺性、热处理特点和生产成本等因素。若是担任设备中重要功能的弹簧，生产成本的因素可最后考虑。并且还要考虑到弹簧的使用条件，如力学性能、高低温性能、抗腐蚀性能、磁性能等。基于该弹簧的使用要求、工作环境和使用寿命，最后考虑到制造成本条件下，合理进行弹簧材料的选择。综合对比常用弹簧材料，设计中选择 50CrVA 作为发电机拾振单元的机械直线弹簧的弹簧丝材料，其具体性能参数如表 6 – 5 所列。

表 6 – 5　50CrVA 力学性能参数

材料	许用切应力/MPa			切变模量 G/MPa	弹性模量 E/MPa
50CrVA	Ⅰ 类 450	Ⅱ 类 600	Ⅲ 类 750	78 000	197 000

（2）根据弹簧的应用环境，确定弹簧的初始压力 $F_{min}=42.5\ N$（最小工作载荷）、最大压力 $F_{max}=85\ N$（最大工作载荷）、使用长度最大值 $H_1=6.5\ mm$（安装初始长度）、使用长度最小值 $H_n=4\ mm$（最大压力下弹簧长度）。

根据下面计算公式

$$H_0=\frac{F_{max}H_1-F_{min}H_n}{F_{max}-F_{min}} \qquad (6-12)$$

$$\lambda_{max}=H_0-H_n \qquad (6-13)$$

$$k_F=\frac{F_{max}}{\lambda_{max}} \qquad (6-14)$$

计算出弹簧自由长度 $H_0 = 9 \text{ mm}$（弹簧在没有承载外力时的长度）、最大压缩量 $\lambda_{\max} = 5 \text{ mm}$ 和弹簧刚度 $k_F = 17 \text{ N/mm}$。

（3）弹簧中径 D_2 与弹簧丝直径 d 的比值称为弹簧指数（又称旋绕比），即 D_2/d。弹簧指数越小，则弹力越大，弹簧越硬，卷绕也越困难，那么在使用过程中弹簧材料内侧易产生过大应力，从而影响其疲劳强度；弹簧指数越大，则弹力越小，弹簧越软，弹簧易颤动。该发电机工作状态下所受外部激励很大，拾振单元的永磁体振动位移必须严格控制在一定范围内以防永磁体撞击支承物上、下端面导致发电机的损坏，因而拾振单元的机械直线弹簧刚度需求较大。综合考虑，取弹簧指数 $C = 4$。考虑到发电机整体尺寸和安装空间，确定弹簧的中径 $D_2 = 6 \text{ mm}$，计算得出弹簧丝直径 $d = 1.5 \text{ mm}$。

（4）GB 1239—62 中对普通圆柱形螺旋弹簧指数规定通常为 5～15，极限状态不小于 4 或超过 16。因此，弹簧中径和弹簧丝直径的取值符合要求，因发电机尺寸和安装空间的限制，弹簧外径不能超过 8.6 mm。

可用下述公式计算有关参数：

$$D_2 - d = D_1 \geqslant D_{1\min} \tag{6-15}$$

$$D_2 + d = D \leqslant D_{\max} \tag{6-16}$$

$$K = \left(\frac{4C-1}{4C-4} + \frac{0.615}{C} \right) \tag{6-17}$$

$$d \geqslant 1.6 \sqrt{\frac{F_{\max} K C}{[\tau]}} \tag{6-18}$$

式中：$D_{1\min}$ 为弹簧内径允许的最小值；$D_{\max}$ 为弹簧外径允许的最大值；K 为曲度系数；$[\tau]$ 为簧丝材料的许用切应力。

通过计算得到 $D_1 = 4.5 \text{ mm}$，$D = 7.5 \text{ mm}$，$K = 1.4$。因为 $d = 1.5 \text{ mm} > 1.425 \text{ mm}$，$D < 8.6 \text{ mm}$，满足条件。

（5）n 的计算公式为

$$n = \frac{G d^4 \lambda_{\max}}{8 F_{\max} D_2^3} \tag{6-19}$$

式中：G 为弹簧丝材料的切变模量。计算得出 $n = 13.4$ 圈。

（6）验算弹簧稳定性。计算弹簧长细比 $b = \dfrac{H_0}{D_2}$。长细比应满足以下要求：两端固定，$b \leqslant 5.3$；一端固定另一端回转，$b \leqslant 3.7$；两端回转，$b \leqslant 2.6$。计算得出 $b = 1.5$，符合规定。

（7）验算弹簧强度。弹簧按所受载荷分为三类：Ⅰ类是受变载荷作用次数大于 10^6 次，或很重要的弹簧；Ⅱ类是受变载荷作用次数 $10^3 \sim 10^6$ 次，或受冲击载荷的弹簧，或受静载荷的重要弹簧；Ⅲ类是受变载荷作用次数小于 10^6 次，或受静载荷的弹簧。

侵彻引信冲击式磁电发电机拾振单元所需的弹簧是受冲击载荷的弹簧，而且是整个发电机非常重要的部件，归为Ⅱ类弹簧。

承受循环载荷的重要弹簧，验算其疲劳强度。验算公式如下：

$$\tau_{max} = \frac{8KD_2}{\pi d^3} F_{max} \qquad (6-20)$$

$$\tau_{min} = \frac{8KD_2}{\pi d^3} F_{min} \qquad (6-21)$$

$$S_{ca} = \frac{\tau_0 + 0.75\tau_{min}}{\tau_{max}} \geqslant S_F \qquad (6-22)$$

式中：τ_{min} 为最大工作载荷所产生的切应力；τ_{min} 为最小工作载荷（初始压力）所产生的切应力；τ_0 为簧丝材料的脉动循环剪切疲劳极限，是与簧丝材料及弹簧所受载荷情况有关的常数；S_{ca} 为设计弹簧疲劳强度的安全系数值；S_F 为弹簧疲劳强度的设计安全系数。代入验算公式（6.20）～式（6.22），计算得出：$\tau_{max} = 538.73\ \text{MPa}$，$\tau_{min} = 269.365\ \text{MPa}$，因为 $S_{ca} = 1.5 \geqslant S_F = 1.3$，满足条件。

综上所述，侵彻引信冲击式磁电发电机的机械直线弹簧设计参数如表 6 - 6 所列。

表 6 - 6　机械直线弹簧设计参数

性能参数	设计参数值
弹簧丝材料	50CrVA
弹簧丝直径 d	1.5mm
中径 D_2	6 mm
外径 D	7.5 mm
弹簧自由长度 H_0	9 mm
弹簧刚度 k	17 N/mm

| 6.3　磁电单元设计 |

侵彻引信冲击式磁电发电机的磁电单元主要功能是将侵彻过程中冲击所

形成的机械能转换为电能，该单元主要由永磁体和线圈构成。磁电单元电能的输出与永磁体和弹簧构成的拾振单元的运动状态、永磁体与线圈的相对位置、永磁体尺寸、线圈匝数等因素有关。本节首先对这些因素对发电机输出的影响进行分析；然后在此基础上对磁电单元结构进行设计。

6.3.1　拾振单元响应对磁电单元输出的影响

侵彻引信冲击式磁电发电机在侵彻过程中拾振单元开始采集能量，最终需要通过磁电单元才能将机械能转化为电能，发电机的单位体积输出能量是衡量发电机性能的一个重要指标。根据磁电发电机的工作原理，永磁体的运动情况将影响发电机的输出，本小节采用仿真的方法对永磁体（拾振单元）的运动与磁电单元的输出电压的关系进行分析，此处主要讨论三种运动形式：匀速直线运动、无阻尼自由振动和有阻尼自由振动。

采用 Ansoft Maxwell 二维的瞬态场进行仿真，先建立侵彻引信冲击式磁电发电机模型并进行材料定义和分配，考虑到发电机结构轴对称的特点，仿真建模中建立结构的一半模型。模型只考虑永磁体和立体线圈，不考虑对输出电压影响不大的支承物，但永磁体和线圈之间的间距依旧考虑支承物的厚度。其中，永磁体材料和参数见拾振单元的设计，线圈材料为铜，初步设定其匝数为 360 匝，与永磁体等高。接着建立 band 面域，使运动物体永磁体和静止物体立体线圈分离开。首先进行 band 设置，包括运动类型、数据信息和机械信息；然后加载边界条件，z 轴为偶对称边界，其余计算区域为无限远边界；最后进行网络剖分和设定求解选项并求解。仿真模型图如图 6-10 所示。

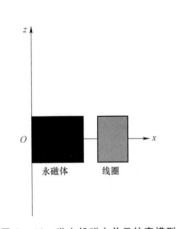

图 6-10　发电机磁电单元仿真模型

1. 永磁体匀速直线运动

感应电动势的生成不仅与永磁体的磁场分布有关，而且与永磁体—立体线圈的相对运动有关。所以研究永磁体匀速运动时生成的电压实质上是探究永磁体磁场分布即永磁体与线圈的相对位置对感应电动势的影响。运动选项设置为：永磁体初始位置在 $z = 5\ \text{mm}$，匀速速度为 $v = 1\ \text{m/s}$，运动时间为 $10\ \text{ms}$，即永磁体的运动范围为 $-5 \sim 5\ \text{mm}$。得出永磁体处于 $z = 5\ \text{mm}$、$z = 3\ \text{mm}$、$z = 0$、$z = -3\ \text{mm}$、$z = -5\ \text{mm}$ 时的仿真状态图如图 6-11 所示。

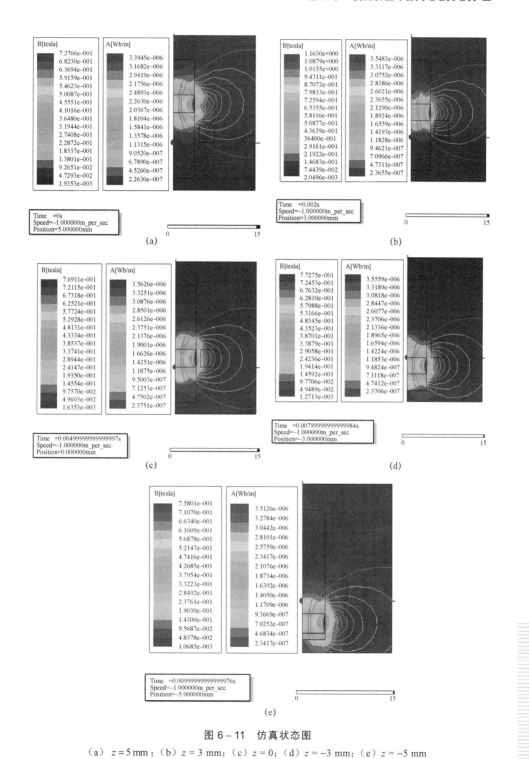

图 6－11　仿真状态图

（a）$z = 5$ mm；（b）$z = 3$ mm；（c）$z = 0$；（d）$z = -3$ mm；（e）$z = -5$ mm

图 6-11 给出了永磁体不同时刻的位移、速度、磁场分布、磁力线分布以及穿过立体线圈的磁通量。为了展现全体趋势，图 6-12 所示为永磁体的位移与时间的关系曲线，图 6-13 所示为永磁体的速度与时间的关系曲线，图 6-14 所示为穿过线圈的磁通量与时间的关系曲线，图 6-15 所示为线圈生成的感应电动势与时间的关系曲线。

由图 6-14 可以看出，穿过线圈的磁通量关于线圈位置上、下对称，这是由于永磁体的磁场分布也是对称的。而且当永磁体运动到与线圈同一高度时，穿过线圈的磁通量达到最大，当永磁体越是远离线圈，穿过线圈的磁通量随之减少。由图 6-15 可以看出，当穿过线圈磁通量最大时，但变化率为零，因此感应电动势也为零。由此可见，永磁体在线圈中部运动时，能量转换效率很低，而当永磁体的上下端面刚刚进入或退出线圈时产生的感应电动势最大，因此在发电机设计中可充分利用这一点。

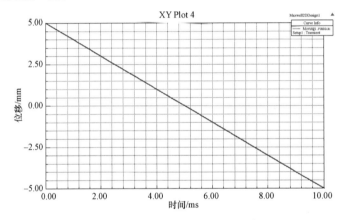

图 6-12　永磁体的位移与时间的关系曲线

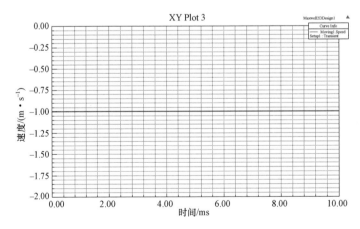

图 6-13　永磁体的速度与时间的关系曲线

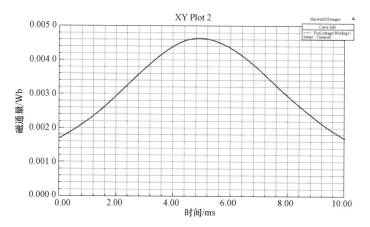

图 6-14 穿过线圈的磁通量与时间的关系曲线

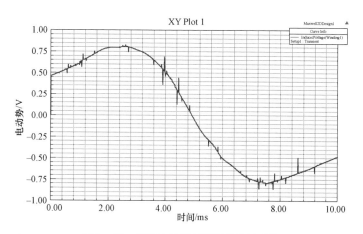

图 6-15 感应电动势与时间的关系曲线

2. 永磁体无阻尼自由振动

侵彻冲击式磁电发电机的永磁体实际工作中并不是匀速直线运动,它的速度随时都在变化。因此,如何充分利用磁场和相对速度就更复杂。根据拾振单元的响应参数,设定永磁体作无阻尼自由振动,其单元固有频率 $f = 1\,000\,\text{Hz}$,最大位移 $z(t)_{\max} = 2.5\,\text{mm}$,受到的弹性回复力为 $F = -33\,927x$。图 6-16 所示为永磁体的位移与时间关系曲线,图 6-17 所示为永磁体的速度与时间关系曲线,图 6-18 所示为穿过线圈的磁通量与时间的关系曲线,图 6-19 给出线圈生成的感应电动势与时间的关系曲线。

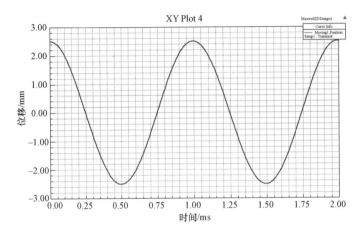

图 6 - 16　永磁体的位移与时间的关系曲线

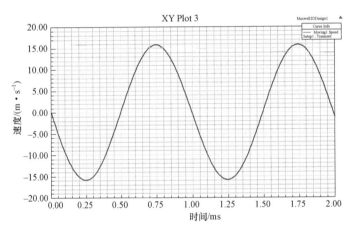

图 6 - 17　永磁体的速度与时间的关系曲线

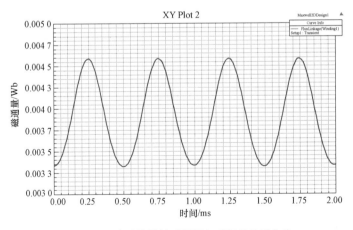

图 6 - 18　穿过线圈的磁通量与时间的关系曲线

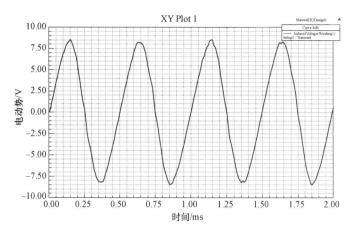

图6-19 感应电动势与时间的关系曲线

由图6-16和图6-17可以看出,永磁体在平衡位置即$z=0$时,速率最大;永磁体在最大位移即$z(t)_{max}=2.5\ mm$处时,速率为零;永磁体的位移和速度的频率一致。由图6-16和图6-18可以看出,当永磁体处于平衡位置$z=0$处,线圈一直固定在$z=0$处,此时穿过线圈的磁通量最大;当永磁体处于最大位移$z(t)_{max}=2.5\ mm$或$z(t)_{max}=-2.5\ mm$处,此时穿过线圈的磁通量相等且最小。可以看出穿过线圈的磁通量关于$z=0$对称,且在$z=0$处(永磁体与线圈处于同一个高度时)最大,且穿过线圈的磁通量的频率为永磁体位移频率的2倍。图6-19所示为生成的感应电动势曲线,这实质为图6-18关于时间求导得到。因此穿过线圈的磁通量与生成的感应电动势频率一致。

3. 永磁体有阻尼自由振动

本章设计的发电机的永磁体在冲击作用消失后,作有阻尼自由振动。根据拾振单元的响应参数,设永磁体作有阻尼自由振动,其单元固有频率$f=1\,000\ Hz$,系统总阻尼比$\zeta=0.1$,最大位移$z(t)_{max}=2.5\ mm$,受到的弹性恢复力$F=-33\,927x$。图6-20所示为永磁体的位移与时间的关系曲线,图6-21所示为永磁体的速度与时间的关系曲线,图6-22所示为穿过线圈的磁通量与时间的关系曲线,图6-23给出线圈生成的感应电动势与时间的关系曲线。

由图6-20和图6-22可以看出,当永磁体作有阻尼的自由振动,比起无阻尼自由振动,振幅逐渐衰减,永磁体更多时间在平衡位置处来回振动,因此穿过线圈的磁通量更大。由图6-23可以看出,虽然磁通量整体较大,但其变化率不快,因此生成的感应电动势更小。可以解释为阻尼的存在意味着能量损耗,其位移、速度和感应电动势都减小。

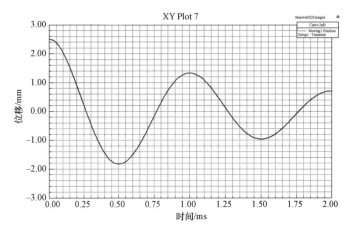

图 6-20　永磁体的位移与时间的关系曲线

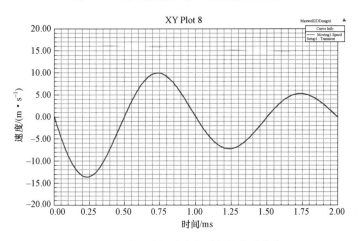

图 6-21　永磁体的速度与时间的关系曲线

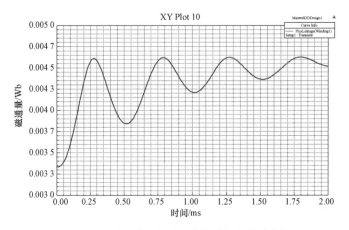

图 6-22　穿过线圈的磁通量与时间的关系曲线

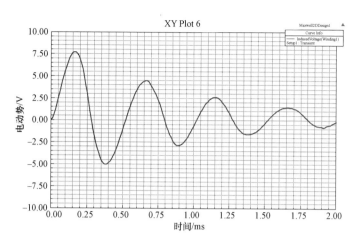

图 6-23 感应电动势与时间的关系曲线

6.3.2 永磁体-立体线圈相对位置对磁电单元输出的影响

在 6.3.1 节仿真中,永磁体平衡位置与线圈处于同一个高度,由之前分析可得能量转换效率不高。因此,改变线圈的初始高度,即偏离永磁体的平衡位置处,使 $z=0$ mm、$z=1.5$ mm、$z=3$ mm、$z=4.5$ mm、$z=6$ mm,得到穿过线圈的磁通量和生成的感应电动势如图 6-24~图 6-28 所示。

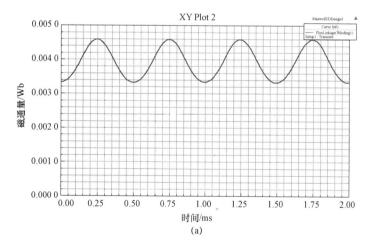

(a)

图 6-24 $z=0$,穿过线圈的磁通量和生成的感应电动势与时间的关系曲线

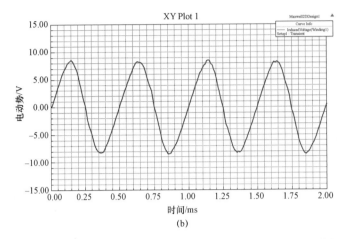

图 6 - 24　z = 0，穿过线圈的磁通量和生成的感应电动势与时间的关系曲线（续）

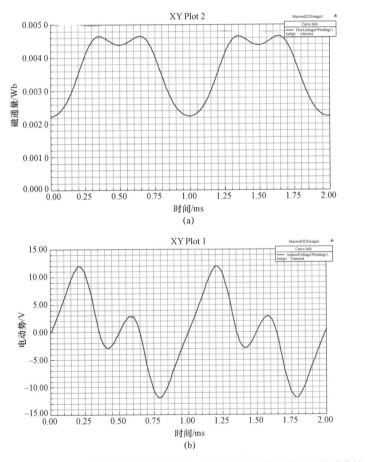

图 6 - 25　z = 1.5，穿过线圈的磁通量和生成的感应电动势与时间的关系曲线

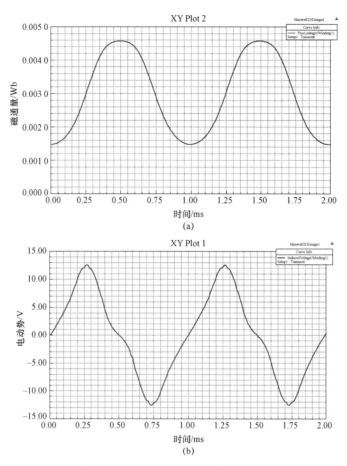

图 6 - 26　$z = 3$，穿过线圈的磁通量和生成的感应电动势与时间的关系曲线

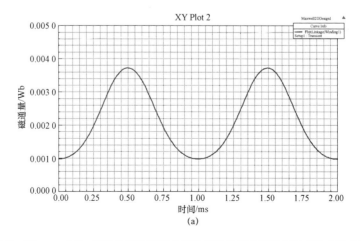

图 6 - 27　$z = 4.5$，穿过线圈的磁通量和生成的感应电动势与时间的关系曲线

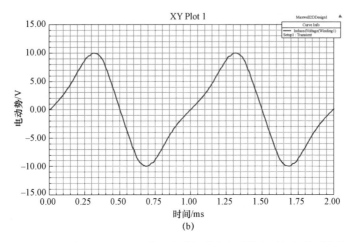

图 6-27 *z* = 4.5，穿过线圈的磁通量和生成的感应电动势与时间的关系曲线（续）

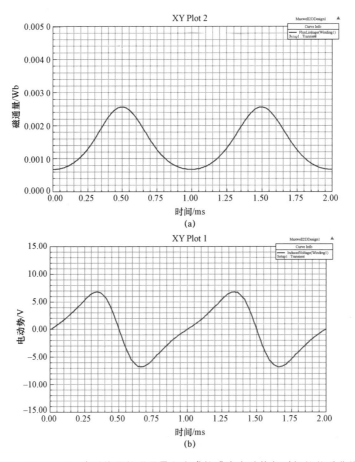

图 6-28 *z* = 6，穿过线圈的磁通量和生成的感应电动势与时间的关系曲线

由上述曲线可以看出，当永磁体和线圈处于同一个高度时，永磁体的磁力线很大部分平行于线圈轴线，磁通量很大，但磁通量的变化不大，因此生成的感应电动势并不是最大。当立体线圈与永磁体平衡位置的高度差从 0 增大到 3 mm 时，感应电动势逐步增加。而当线圈与永磁体平衡位置的高度差从 3 mm 增大到 6 mm 时，感应电动势却又开始逐步减小。可以理解为线圈与永磁体距离太远，不能充分有效地利用永磁体的磁场分布。因此，生成的感应电动势不仅与永磁体的振动响应有关，还和线圈与永磁体的初始相对位置有关。

6.3.3　永磁体尺寸对磁电单元输出的影响

1. 永磁体高度对输出的影响

改变永磁体高度，使其分别为 1 mm、1.5 mm、2 mm、2.5 mm、3 mm、3.5 mm、4 mm，保持其余仿真参数不变，图 6−29 所示为发电机最大空载电压与永磁体高度之间的关系曲线。

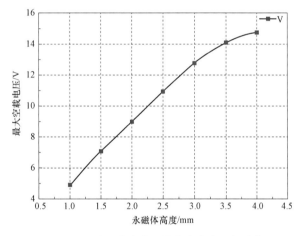

图 6−29　永磁体高度对最大空载电压的影响

由图 6−29 可以看出，随着永磁体的高度增加，发电机最大空载电压也在逐渐增加。永磁体高度为 1.0～3.0 mm 时，几乎线性增长；高度为 3.0～4.0 mm 时，增速变缓。可以理解为：当永磁体高度小于或等于立体线圈高度时，永磁体的磁感应强度随之增加，使感应电动势也几乎线性增长。而当永磁体高度大于立体线圈高度时，永磁体的磁感应强度依旧增加，但永磁体与立体线圈的相对运动很大部分发生在永磁体的中间区域，磁力线几乎平行感应线圈轴线，使增长逐渐不明显。因此线圈的高度与永磁体高度一致时，效率最高。

2. 永磁体半径对输出的影响

改变永磁体半径,使其分别为 2 mm、2.5 mm、3 mm、3.5 mm、4 mm、4.5 mm、5 mm,保持其余仿真参数不变,图 6−30 所示为发电机最大空载电压与永磁体半径之间的关系曲线。

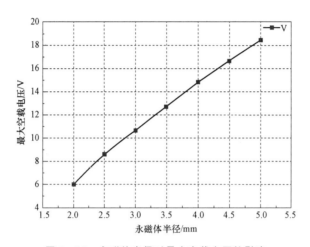

图 6−30 永磁体半径对最大空载电压的影响

由图 6−30 可以看出,随着永磁体的半径增加,发电机最大空载电压线性增长。因此,在发电机直径允许的条件下,永磁体的半径越大越好。

通过以上分析,在侵彻引信冲击式磁电发电机体积允许的范围内,为了提高发电机的输出性能,应尽可能增加永磁体的高度或半径,并且线圈的设计应与永磁体的尺寸相匹配,即永磁体高度与线圈高度相等。

6.3.4 永磁体−立体线圈间距对磁电单元输出的影响

改变永磁体−立体线圈间距,使其分别为 0.6 mm、0.7 mm、0.8 mm、0.9 mm、1.0 mm、1.1 mm、1.2 mm,保持其余仿真参数不变,图 6−31 所示为发电机最大空载电压与永磁体−立体线圈间距之间的关系曲线。

由图 6−31 可以看出,随着永磁体−立体线圈间距的增加,发电机最大空载电压逐渐减少,且减速从 0.8 mm 起逐渐变缓。可以解释为:随着线圈−永磁体间距越来越大,线圈所处的磁场强度越来越弱,使穿过线圈的总磁通量变化越来越不明显,即磁通量变化率越来越小,导致线圈的感应电动势越来越小。永磁体−线圈间距包括支承物本身的厚度、永磁体−支承物安装间距和支承物−线圈安装间距。安装间距均为 0.1 mm 即可,支承物的厚度必须得保证整个发电机的结构强度，因此在满足强度条件下，其永磁体－线圈间距越小越好。这里取支承物厚度为 0.7 mm，因此永磁体－线圈间距为 0.9 mm。

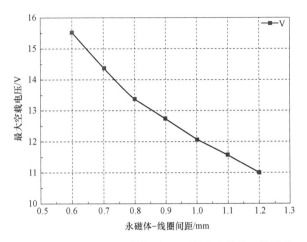

图 6－31　永磁体－立体线圈间距对最大空载电压的影响

6.3.5　永磁体振幅对磁电单元输出的影响

改变永磁体振幅，使其分别为 1 mm、1.5 mm、2 mm、2.5 mm、3 mm、3.5 mm、4 mm，保持其余仿真参数不变，图 6－32 所示为发电机最大空载电压与永磁体振幅之间的关系曲线。

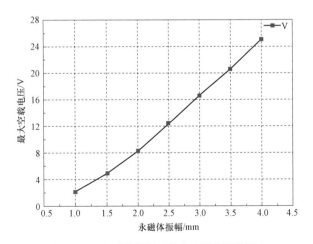

图 6－32　永磁体振幅对最大空载电压的影响

由图 6-32 可以看出，随着永磁体的振幅增加，发电机最大空载电压也在逐渐增加。可以解释为：永磁体振幅越大，即通过同一位置时其速率更大，切割磁力线就越快，导致能量转换效率更高。但是永磁体的振幅越大，即发电机的尺寸也会更大。因此，在满足发电机尺寸的条件下，永磁体振幅越大，越能提高发电机的输出性能。而永磁体的振幅并非由发电机电磁单元可决定，它是由拾振单元的固有频率和冲击作用决定的。冲击作用越大，永磁体振幅越大，但当冲击作用超出了拾振单元的设计要求，轻微则造成机械直线弹簧的疲劳或损伤，严重时可造成永磁体运行距离过大，击打支承物端面造成发电机损坏。

6.3.6 线圈匝数对磁电单元输出的影响

在均匀磁场中，感应电动势与线圈匝数成正比。而永磁体提供的磁场并非均匀磁场，因此线圈匝数对感应电动势并不是简单的线性关系。对于立体线圈来说，增加线圈匝数的方式有：增加线圈的层数，线圈层数决定线圈的厚度；另一种为增加每层线圈的圈数，每层线圈的圈数决定线圈高度。

1. 线圈厚度对输出电压的影响

通过增加线圈厚度（增加线圈层数）的方式而增加线圈匝数，使其线圈厚度分别为 0.43 mm、0.87 mm、1.73 mm、2.6 mm、4.3 mm、7.0 mm 和 8.7 mm，则线圈匝数分别为 90 匝、180 匝、360 匝、540 匝、900 匝、1 440 匝和 1 800 匝，保持其余仿真参数不变，图 6-33 所示为发电机最大空载电压与线圈厚度的关系曲线，图 6-34 所示为发电机最大负载功率与线圈厚度的关系曲线。

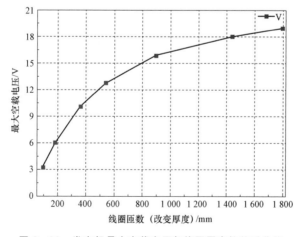

图 6-33　发电机最大空载电压与线圈厚度的关系曲线

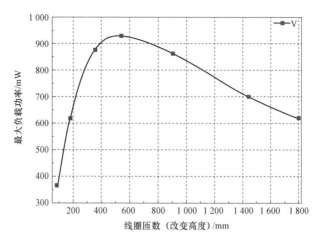

图 6-34 发电机最大负载功率与线圈厚度的关系曲线

由图 6-33 可以看出，发电机最大空载电压随着线圈厚度的增加而增加，增速逐渐减缓。当线圈厚度为 0.43～2.6 mm 时，发电机最大空载电压增长较快；线圈厚度为 4.3～8.7 mm 时，曲线依旧增长但增速急速变缓甚至接近一个固定值。由图 6-34 可以看出，发电机功率则在其发电机最大空载电压快速增加阶段时，曲线趋势保持增加，在最大空载电压增速急剧减缓时，其功率开始下降。可以解释为：永磁体体积固定不变，永磁体的磁场分布覆盖区域有限。当线圈厚度较小时，所有线圈处在磁感应强度较强的区域，可以充分进行能量转换，因此线圈感应电动势随匝数呈快速增长；随着线圈厚度增加，外部线圈虽然在永磁体的有效磁场内，但磁场强度渐渐不如内部线圈所处的磁场强度大，因此生成的感应电动势虽依旧增长但增速变缓；若线圈厚度过大，增加的外部线圈已经不在永磁体有效磁场范围内，这些新增线圈无法为感应电动势做出贡献，线圈的感应电动势将趋于一个固定值。同时，随着线圈厚度增加，即线圈匝数增加，发电机内阻线性增加，功率呈现出先增大后减小的情况。因此，线圈厚度设计应与永磁体磁场分布结合起来，找出发电机最大空载电压和最大负载功率的最优点。

2. 线圈高度对输出电压的影响

通过增加线圈高度（增加每层线圈的圈数）的方式而增加线圈匝数，使其线圈高度分别为 0.5 mm、1 mm、2 mm、3 mm、5 mm、8 mm 和 10 mm，其匝数分别为 90 匝、180 匝、360 匝、540 匝、900 匝、1 440 匝和 1 800 匝，保持其余仿真参数不变，图 6-35 所示为发电机最大空载电压与线圈高度的关系曲线，图 6-36 所示为发电机最大负载功率与线圈高度的关系曲线。

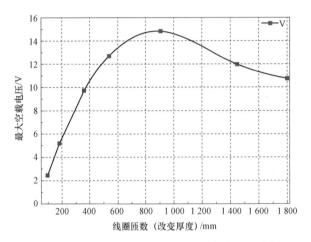

图 6-35　发电机最大空载电压与线圈高度的关系曲线

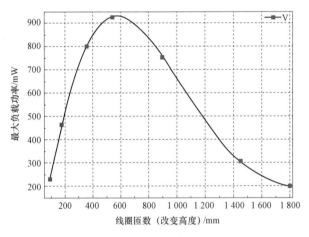

图 6-36　发电机最大负载功率与线圈高度的关系曲线

由图 6-35 可以看出，线圈高度为 0.5～3 mm 时，发电机最大空载电压几乎线性增长；线圈高度为 3～5 mm 时，发电机最大空载电压依旧增长但增速快速变缓；线圈高度为 5～10 mm 时，发电机最大空载电压变小。由图 6-36 可以看出，当发电机最大空载电压几乎线性增长时，其功率增长；当发电机最大空载电压增长变缓而后下降时，其功率一直降低。可以解释为：当线圈高度较小时（线圈匝数较小），永磁体的简谐运动能穿过线圈上下端面，线圈有效切割磁力线完成能量转换，匝数增多，发电机最大空载电压随之增大。而当线圈高度增加到永磁体的振动运动无法穿过线圈时，也就是永磁体在线圈内部运动。因发电机的线圈采用的是立体线圈，其磁力线方向与永磁体-线圈运动方向平行，切割磁力线效率低下，因此发电机最大空载电压降低。同时，随着线圈高度增加，即线圈匝数增加，发电机内阻线性增加。因此，功率呈现出先增大后减小的情况。因此，线圈高度设计应与永磁体振动情况结合起来，找出发电机最大空载电压和最大负载功率得最优点。

通过以上分析，当永磁体作简谐运动时，线圈处于永磁体的有效磁场分布内，线圈匝数以线圈厚度或线圈高度的形式增加时，在一定范围内都有利于发电机的输出性能。但是，若增加的线圈已经不在永磁体有效磁场分布内，线圈匝数增加对电磁单元发电并无贡献；相反，线圈匝数的增加引起内阻增大，使发电机功率降低。因此，线圈匝数的设计必须充分考虑永磁体的磁场分布和永磁体 – 线圈的相对运动。

6.3.7　磁电单元结构设计

在上述对磁电单元结构相关参数对其输出电压影响的分析基础上，结合常用侵彻引信结构，确定磁电单元的结构参数如表 6 – 7 所列。

表 6 – 7　侵彻引信冲击式磁电发电机磁电单元结构参数

结构参数	参数值
立体线圈线径	0.1 mm
立体线圈内径	8.8 mm
立体线圈外径	14 mm
立体线圈高度	3 mm
立体线圈匝数	540 匝
永磁体 – 立体线圈间距	0.9 mm
永磁体 – 立体线圈初始相对位置	3 mm

根据目前常见侵彻引信结构尺寸，结合前述的仿真分析，对于磁电发电机磁电单元的线圈结构尺寸可调范围相对较小，具体实现时，可重点考虑永磁体与线圈初始相对位置的影响。其中，对立体线圈与永磁体平衡位置处于同一个高度与立体线圈位于在永磁体平衡位置的上端面或下端面处进行对比分析。图 6 – 37 和图 6 – 38 分别为两种结构感应电动势与时间的关系曲线。

由图 6 – 37 和图 6 – 38 可以看出，最初结构产生的最大空载电压为 13.9 V，最优结构产生的最大空载电压为 16.2 V。

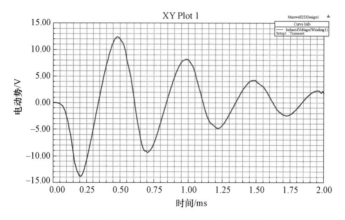

图 6-37 线圈与永磁体初始位置平齐

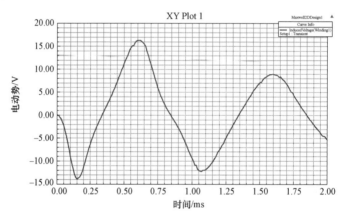

图 6-38 线圈与永磁体初始相对位置差 3 mm

|6.4 侵彻引信冲击式磁电发电机测试与分析|

在上述对侵彻引信冲击式磁电发电机工作原理及其结构设计分析基础上，进行了发电机结构的制备，并通过力锤冲击试验对其进行测试和分析，以验证设计方法的可行性。

6.4.1 发电机制备与组装

根据发电机总体结构设计方案，其结构件主要包括永磁体、机械直线弹簧、立体线圈、支承物、小电路板和外壳等，其中小电路板主要用于引出发电机输出信号，制备完成的结构件如图6-39所示。

图6-39　制备完成的结构件实物图

考虑到在实验室进行力锤试验时，采用的是手动敲击方式，冲击力相比实际侵彻冲击要小得多，若直线弹簧刚度采用按照侵彻冲击加速度设计的刚度加工，则永磁体的运动会非常小，感生电动势也会很小，不便于进行分析。因此，结合已有的力锤试验经验，根据上述直线弹簧的设计方法，测试所用的直线弹簧的参数设计如表6-8所列。

表6-8　测试用直线弹簧参数

项目	数值
弹簧材料	304 不锈钢
切变模量 G	68 950 MPa
弹簧丝直径 d	0.6 mm
内径 D_1	4.8 mm
外径 D	6 mm
弹簧自由长度 H_0	7.5 mm
弹簧有效圈数 n	5 圈
弹簧刚度 k	1.351 N/mm

制备完成的结构件按照以下步骤和方法进行发电机样机组装。

（1）给永磁体 N、S 极均匀涂抹上 AB 胶，用塑料镊子将两根相同的机械直线弹簧的一端分别粘在永磁体的 N、S 极端面，自然风干。

（2）将支承物上端面内部涂抹 AB 胶，用塑料镊子将永磁体－机械直线弹簧整体缓缓沿着中心位置放入，保证弹簧端面与支承物上端面内部黏结牢固。

（3）将立体线圈黏结安装到支承物管壁中央位置上，黏结加固，保证线圈不会在冲击作用下在外壳上出现滑动。

（4）将活动盖内部涂抹 AB 胶，与已放入支承物中的永磁体－弹簧端面黏结。自然风干后，检查永磁体－弹簧是否处于管壁中心位置，是否可以正常振动，保证永磁体振动时不与管壁发生摩擦，然后盖紧活动盖。此时，弹簧处于压缩状态，发电机拾振单元部分组装完成。

（5）引出线圈两根线，穿过支承物上端面的小孔，焊接到圆形电路板上，并将电路板固定在上端面凹槽内，再在电路板焊接两根导线引出，用于测试，完成原理样机能量转换单元的组装。

（6）自然风干 24 h，检查是否黏结牢固，检查永磁体与弹簧是否可以正常振动，用万用表检查电路是否畅通，完成侵彻引信冲击式磁电发电机原理样机的组装。

（7）将试验样机放入外壳之中，焊接的电路板上引出两根导线，穿过外壳活动盖孔后连接到示波器上，并利用外壳底部螺纹将外壳整体安装到力锤上。

安装过程中，一定要轻拿轻放。因感应线圈线径为 0.1 mm，极易损坏，而且支承物和外壳均为导体，容易发生短路，因此安装时要用万用表检测电路确保无短路或断路。

组装完成后的发电机样机，放入外壳中可用于锤击试验，如图 6－40 所示。

(a)　　　　　　　　　　　　　　(b)

图 6－40　发电机样机实物图

6.4.2　发电机冲击测试

对冲击式磁电发电机的测试采用力锤冲击方法，其基本原理如图 6 – 41 所示。

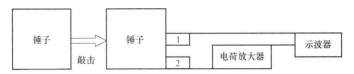

图 6 – 41　发电机冲击试验系统原理示意图
1—冲击式磁电发电机；2—加速度传感器

该试验系统由两个力锤、冲击式磁电发电机、加速度传感器、示波器构成。通过螺纹连接结构，将冲击式磁电发电机原理样机和加速度传感器［试验中选用压电式加速度传感器 2225M5A 固定在一个力锤上，传感器通过电荷放大器转换为电压输出（316 μV/g）］以及发电机样机输出分别连接到示波器的两个通道上。测试时，用另一个锤子敲击，示波器将同时采集加速度信号和发电机的输出电压信号。试验平台实物如图 6 – 42 所示。

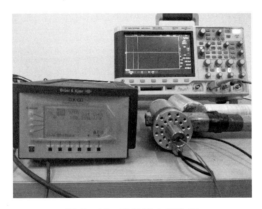

图 6 – 42　试验平台实物图

图 6 – 43 所示为两组锤击试验获得的试验曲线。通过对输出曲线的测量，图 6 – 43（a）的冲击加速度最大幅值约为 2 848g，发电机的输出最大电压约为 2 V；图 6 – 43（b）的冲击加速度最大幅值约为 7 278g，发电机输出最大电压约为 4.5 V。将所测得的加速度信号，作为仿真的激励，对发电机的响应进行仿真，对于图 6 – 43（a），仿真得到的发电机的最大输出电压约为 2.3 V；对于图 6 – 43（b），仿真得到的发电机的最大输出电压约为 5 V；试验结果与仿真结果对比来看，试验输出电压要比仿真输出略低，这主要是由于仿真中未将系统

阻尼的影响引入，而实际结构中存在结构阻尼、空气阻尼等，这些会影响永磁体的响应，其运动速度比无阻尼情况会低，从而影响其输出电压负责，同时也会使其自由振动的衰减较快。因此，进一步考虑通过抽真空等方法，降低系统的阻尼，提高发电机的输出电压。

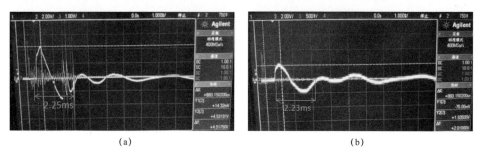

(a)   (b)

图 6 - 43   锤击试验输出电压信号

| 小 结 |

    本章针对侵彻目标过程中侵彻引信的供电问题，基于磁电发电原理，提出了一种侵彻冲击式磁电发电机。通过理论和仿真相结合手段，对发电机冲击拾振单元、磁电单元等关键结构的设计方法进行了分析，并通过实验室锤击试验初步验证了设计方法的合理性和可行性。

第 7 章

引信微小型发电机电源管理技术

前 几章介绍了目前研究的几种常见的引信微小型发电机。这几种发电机主要是基于压电效应、磁电转换原理实现将环境中的冲击、振动等机械能转换为电能。无论是压电式发电机还是磁电式发电机，其输出都为交流电。而引信电路系统工作时，通常需要稳定的直流供电，这就需要将发电机的输出转化为可供引信电路系统使用的电源。本章将结合压电式发电机和磁电式发电机输出特性，对其相应的电源管理技术进行介绍。

| 7.1 压电式发电机电源管理 |

压电式发电机是具有电容性的高阻抗电源，转换元件在振动及冲击作用下产生的是高交流电压，具有极其微弱的电流，不能直接使用，需要通过整流变换为直流电，将电荷存储在电容上，再供引信电路进行使用。每次振动或冲击，压电元件上产生电压相对较高，而电流极小，能量微弱，不能直接向电子负载供电。为了提高输出功率，需要对电源管理电路进行深入研究，提高电源管理电路对发电机输出能量的存储能力及存储效率，尽可能向负载电路提供最大供能。

7.1.1 压电等效电路

对压电式发电机结构进行分析时，可以通过振动方程、相应的压电方程和力学边界条件来完成。在工程上可以采用等效电路法，将能量转换结构用等效电路来表示，这样可以将一个机电耦合的复杂关系转化为单一的电路问题来讨论。应用压电材料的理论以及力学相关知识，做一些合理的假设和简化，可以得到压电式发电机力－电转换结构的等效电路模型。压电式发电机等效电路的提出不仅可更加深入了解了压电式发电机的工作原理和特性，而且可应用在电路仿真软件中，方便电源管理电路的设计，缩短电源管理电路的设计周期。

低频时，通常将转换元件部分等效为一个电荷源 Q 与静态夹持电容 C_t 并联，R_t 为负载电阻，压电悬臂梁式能量采集结构电荷等效电路如图 7－1（a）所示。电荷 Q 对电容 C_t 充电，充电电压 $V_t = Q/C_t$，所以在满足上式的情况下，电荷等效电路可以等效为电压等效电路，电压等效电路如图 7 – 1（b）所示。

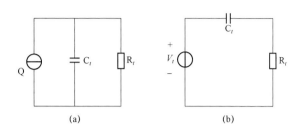

图 7 – 1　压电等效电路

（a）电荷等效电路；（b）电压等效电路

以冲击式压电发电机为例，在第 6 章中分析了压电悬臂梁式能量采集结构的电压输出特性。利用式（6 – 16）的开路电容计算公式和式（6 – 17）的输出电压计算公式可以求出电压等效电路的电压源具体参数以及静态夹持电容数值。将冲击式压电发电机所用转换元件的实际结构尺寸等参数代入式（6 – 16）和式（6 – 17）得，$V_t = 70 \times \sin 600\pi t$，$C_t = 1\,000\,\text{pF}$。

利用电路仿真软件 Orcad 对发电机的电压等效电路进行仿真分析，对电压等效电路产生的交变电压信号通过整流滤波电路存储能量，并且在软件中观察压电等效电路整流滤波后的输出电压曲线。仿真电路原理图如图 7 – 2 所示，整流电路采用全桥整流，滤波电容为 22 μF。整流后输出电压曲线如图 7 – 3 所示。

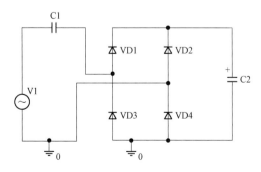

图 7 – 2　仿真电路原理图

从仿真输出电压曲线图 7 – 3 可以看出，输出电容两端的电压随着时间呈抛物线形式缓慢上升，对于 22 μF 的输出电容，充电到 20 V，需要 20 s 左右。由此可见，压电发电机的输出功率相对常规电源的输出功率很小，提高压电发电机的输出功率是一个重要，同时也比较困难的问题。

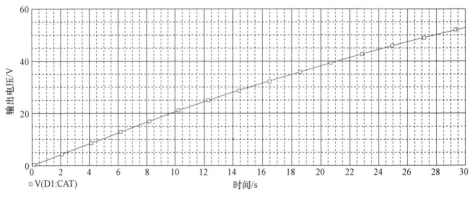

图 7-3　仿真输出电压曲线

7.1.2　压电发电机电源管理电路设计

常用的压电能量采集电源管理电路主要有以下 5 种类型：经典能量采集电路、DC-DC 变换的优化标准能量采集电路、同步电荷提取（SECE）电路、电感同步开关采集（SSHI）电路、双同步开关采集（DSSH）电路。SECE 电路、SSHI 电路和 DSSH 电路都采用了非线性处理技术，能量采集效率高，与经典能量采集电路的能量采集效率相比，SECE 电路提高了 400%，串联 SSHI 电路提高了 650%。并联 SSHI 电路提高了 800%，DSSH 电路提高了 500%；但是，这几种电路与经典能量采集电路相比，需要较复杂的信号检测和控制电路，即开关的通断，需要外电路来检测转换元件的振幅信号。同时，也需要外电路来控制开关转换的严格同步。对于第 6 章中所设计的引信用冲击式压电发电机来讲，其转换元件较小，而且发电机的输出电压波形不是标准的正弦波形，所以在采用同步电荷提取电路或者同步开关采集电路时会存在一定问题。根据冲击式压电发电机的特点，这里介绍两种电源管理电路：经典能量采集电路和LTC3588-1 电源管理电路。

1. 经典能量采集电路

经典能量采集电路由整流桥和滤波电容组成，整流桥的作用是将转换元件输出的交流电压转换成直流电压，滤波电容必须足够大以保证输出电压的基本稳定。经典能量采集电路如图 7-4 所示。

整流桥由四个二极管组成,实际使用时可采用集成整流芯片(如 DBS107G)来代替由四个二极管组成的整流桥。图 7-5 所示为采用 DBS107G 设计加工的电路板实物图。

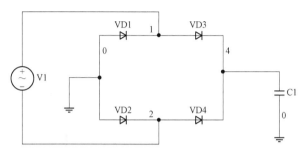

图 7-4　经典能量采集电路

图 7-5　经典能量采集电路实物图

2. LTC3588-1 电源管理电路

Linear 公司推出了完整的能量采集解决方案 LTC3588-1。LTC3588-1 集成一个低损耗、全波桥式整流器和一个高效率降压型转换器,将压电式发电机产生的能量转换为良好调节的输出。LTC3588-1 的输入工作电压范围为 2.7~20 V,可选的输出电压有 4 种:1.8 V、2.5 V、3.3 V、3.6 V。最大输出电流高达 100 mA。针对冲击式压电发电机输出电压高的特点,对 LTC3588-1 电源管理电路做了一些改进,其电路原理图如图 7-6 所示。Linear 公司的 LTC3588-1 电源管理电路样板如图 7-7(a)所示,图 7-7(b)所示为结合冲击式压电发电机测试需要设计的 LTC3588-1 电源管理电路板。

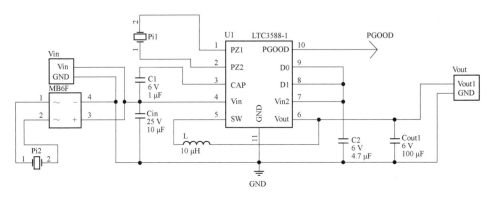

图 7 – 6　LTC3588 – 1 电路原理图

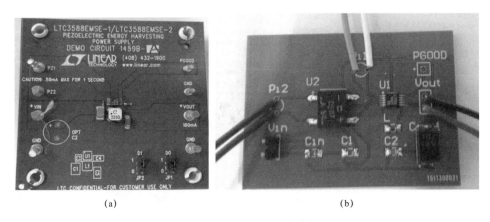

(a)　　　　　　　　　　　　　　　(b)

图 7 – 7　LTC3588 – 1 电路板

（a）电路样板；（b）改进的电路板

7.1.3　两种电源管理电路转换效率对比

结合第 6 章中所设计的冲击式压电发电机，通过吹风试验对上述两种电源管理电路进行测试和对比分析。在试验中，将具有四个转换元件的冲击式压电发电机的四路输出先并联，再给电源管理电路充电。经典能量采集电路输出电容（100 μF）电压 – 时间曲线图如图 7 – 8 所示，LTC3588 – 1 电源管理电路输出电容（100 μF）电压 – 时间曲线图如图 7 – 9 所示。

从 LTC3588 – 1 电源管理电路充电曲线图中可以看出，电路输出电容的充电曲线呈阶梯上升的状态，电路输入电容的曲线呈锯齿形。从该输出图形中可以很明显看到输入电容的充放电过程，这与 LTC3588 – 1 芯片内部的开关通断有关系。两种电路的输出对比如图 7 – 10 所示。

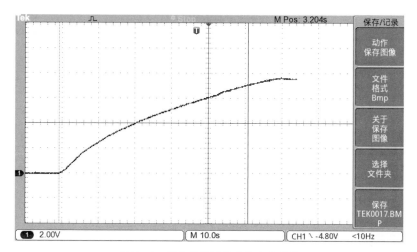

图 7 - 8   经典能量采集电路充电曲线

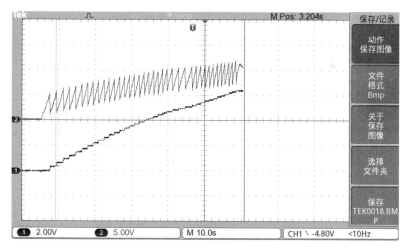

图 7 - 9   LTC3588 - 1 电源管理电路充电曲线

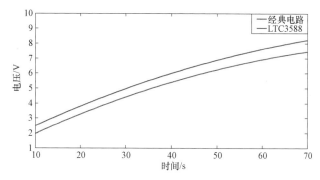

图 7 - 10   电源管理电路输出对比

从图 7-10 中可以看出，冲击式压电发电机给输出电容充电的电压和时间的关系，同时可以得出，经典能量采集电路的能量采集效率比 LTC3588-1 能量采集电路的效率高。这里所采用的 LTC3588-1 能量采集电路和 Linear 推出的 LTC3588-1 能量采集电路稍有不同。由于冲击式压电发电机的输入电压过高（超过 80 V），不能使用 LTC3588-1 自带的低损耗桥式整流器（输入电压范围 2.7~20 V）作为整流元件。因此，在 LTC3588-1 芯片输出前加入了 DBS107G 整流芯片。该整流芯片很大程度上降低了 LTC3588-1 能量采集电路的采集效率，造成了 LTC3588-1 能量采集电路的采集效率比经典能量采集电路的效率低。

| 7.2 磁电式发电机电源管理 |

磁电发电机输出的是交流电，与压电式发电机相比，磁电式发电机具有输出电流高、电压低的特点。磁电式发电机产生的电不能直接向引信电路供电，需利用能量采集电路将发电机输出的交流电整流为直流电并储存起来供给电子负载使用。电容充电满足快捷、迅速和高效率的特点，引信中常使用电容作为储能元件来储存发电机输出的电荷。本节结合第 4 章相对旋转式磁电发电机的设计，对磁电式发电机的电源管理电路的设计进行介绍。

7.2.1 经典能量采集电源管理电路的充电特性分析

对于磁电式发电机，可采用图 7-4 所示的经典能量采集电源管理电路为电容充电，进而为引信电路供电。根据第 4 章中相对旋转式磁电发电机为引信供电的设计要求，采用经典能量采集管理电路为 150 μF 电容进行充电测试分析其性能。根据第 4 章中涉及的引信工作要求，为保证引信电路及时、可靠工作，不仅需要电容中储存足够的电能，还需要电容在短时间内完成能量的储存工作。磁电式发电机产生的电能在 15 ms 内为 150 μF 电容充电至 12 V 即可满足后续引信电路的工作需求。

根据图 7-4 搭建测试电路，测试不同转速下磁电式发电机为电容充电 15 ms 后电容两端的电压。如图 7-11（a）所示，深色曲线为发电机输出的正弦电压曲线，由于发电机输出电压峰-峰值与转速成正比，通过深色曲线幅值的变化情况可以判断出，试验过程中由电动机带动的发电机轴经历了较长的时间（图中大于 184 ms）才能达到稳定转速，这将导致极大的试验误差。为避免上述问题，首先令直流电动机带动发电机轴加速至稳定转速，而在发电机轴转速稳定之前使电容两端短路，发电机无法对电容充电；发电机轴转速稳定后，断开短路线，发电机开始向电容充电。此时，发电机输出电压（深色曲线）及电容两端电压（浅色曲线）如图 7 – 11（b）所示。不同发电机轴转速对应电容两端电压（150 μF 电容充电 15 ms）曲线如图 7 – 12 所示。

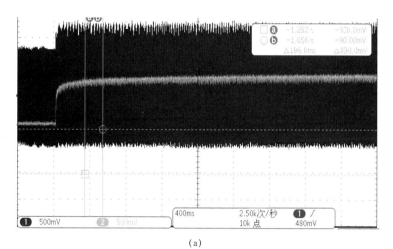

(a)

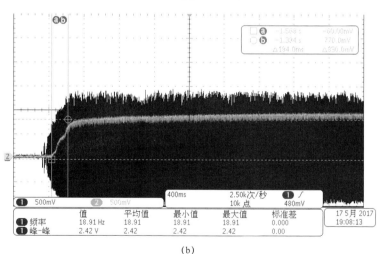

(b)

图 7 – 11　标准充电电路充电图

（a）不对电容进行短路；（b）对电容进行短路

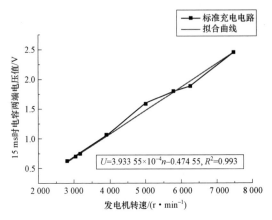

图 7-12 不同转速下为 150 μF 电容的充电情况

7.2.2 倍压电路充电特性分析

磁电式发电机给电容充电时，充电电压与充电时间满足

$$V_t = V_0 + (V_u - V_0) \times \left[1 - e^{-\frac{t}{RC}} \right] \tag{7-1}$$

式中：V_t 为 t 时刻电容两端的电压值；V_0 为电容两端的初始电压；V_u 为电容充满电后的终止电压值（接近于图中发电机输出端电压），t 为时间，R 为电路电阻值；C 为电容值。

由式（7-1）可知，只有当发电机输出端电压大于电容两端电压时，发电机产生的电荷才可转移至电容中。需要把电容充至 12 V 才可满足引信电路的需求，此处简单认为只有发电机输出电压单峰值大于 12 V 才可对电容充电，因此希望发电机输出电压持续高于 12 V。在发电机输出端电压已经无法再增加的情况下，可以通过倍压整流电路实现电压幅值的改变。

发电机输出电压通过二倍压整流电路向电容储能，电路如图 7-13 所示。发电机输出通过三倍压整流电路向电容储能，电路如图 7-14 所示。

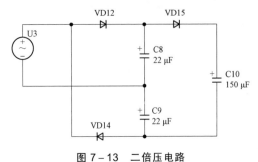

图 7-13 二倍压电路

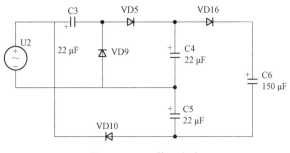

图 7 - 14　三倍压电路

经二倍压电路和三倍压电路之后，电容的充电曲线分别如图 7 - 15 和图 7 - 16 所示。

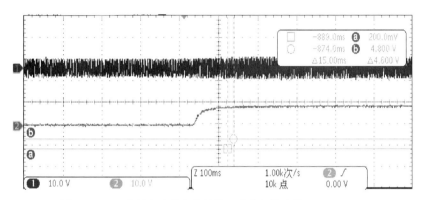

图 7 - 15　二倍压电路的充电特性（发电机转速为 8 045 r/min）

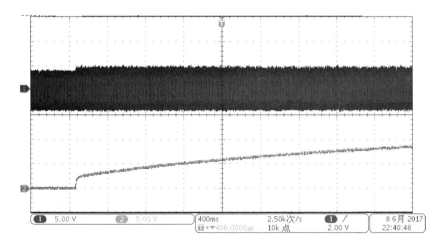

图 7 - 16　三倍压电路的充电特性（发电机转速为 8 849 r/min）

不同发电机轴转速对应电容两端电压（150 μF 电容充电 15 ms）的曲线如

图 7－17 所示。由图 7－15 和图 7－16 可以看出，三倍压电路比二倍压电路具有更高的充电电压，与此同时，电容的充电速度大大降低。这是由于倍压电路使电路输出电压升高的同时，降低了电路输出电流的大小，最终导致电容充电速度降低。

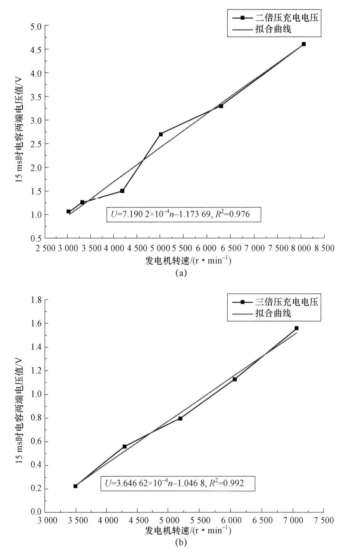

图 7－17　倍压电路不同转速下对 150 μF 电容的充电情况
（a）二倍压电路；（b）三倍压电路

标准电源管理电路、二倍压电路与三倍压电路的充电特性对比如图 7－18 所示。由图 7－18 可以看出，二倍压电路的充电特性最好。倍压次数的增加会导致电容充电速度降低；此外，电路中电子元器件的数量也会随之增加，这将导致过多的功率损耗。因此，选择二倍压电路作为发电机的电源管理电路，而不再对更高次数的倍压电路进行试验对比。

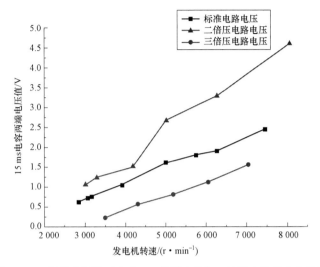

图 7-18　标准电源管理电路、二倍压电路与三倍压电路的充电效果

由图 7-18 中的三条曲线可知，发电机转速与 15 ms 时电容的充电电压的变化情况近似于线性关系，若对变化情况进行直线拟合，则可由拟合出的函数关系估算出发电机在 60 000 r/min 转速下的充电电压。

为判断采用一次函数对数据进行拟合的合理性，采用仿真的方式对发电机转速与电容充电电压曲线进行计算。发电机转速由发电机输出电压的幅值体现，忽略发电机自身阻抗，则三倍压仿真电路图在 Cadence 软件中如图 7-19 所示，仿真出的单峰幅值与电容充电电压结果如图 7-20 所示。

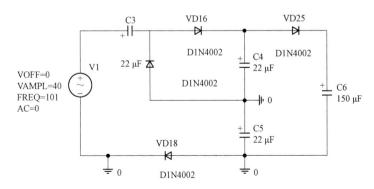

图 7-19　三倍压仿真电路图

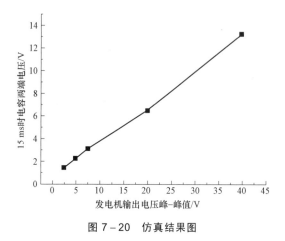

图 7 - 20 仿真结果图

从仿真结果看，发电机转速与充电 15 ms 时电容两端电压值确实为一次函数关系，因此可由一次函数来拟合发电机的转速 - 充电电压曲线，从而用来预估发电机转速为 60 000 r/min 时电容两端的充电电压。选用二倍压充电电路，代入二倍压充电电路拟合曲线，发电机转速为 60 000 r/min 时，150 μF 电容充电 15 ms 两端电压可达 41.97 V。

7.2.3 分路供电充电特性分析

电源负载电路主要包括三部分：引信定时、电雷管及引信自毁电路，三者的作用时间具有较大时间跨度，因此引信电源必须具有可长时间供能的特点。

相对旋转式磁电发电机仅可在定子与转子之间转速差持续在一定范围内的时段里才能产生电能，而这一持续时间较短，难以满足长时间为引信提供电能的要求。将磁电发电机能够产生的电能储存至电容，再由电容为后续电路供电的方式可解决上述问题。但是发电机输出电压为电容充电的过程需要一定时间，这可能会导致部分电路无法及时上电工作，因而需要发电机的储能电容在极短时间（如 15 ms）内储存足够的能量，这对电源设计提出了极高要求。

针对上述问题，提出了分路供电的电源管理策略，该策略可以有效降低电源的供能压力，即发电机输出电压分为两路：一路将发电机输出电压经整流后直接作用于后续电路，以保证负载电路可以快速上电；另一路则将发电机输出电压供给 150 μF 电容充电，以保证相对旋转式磁电发电机不能产生电能后也可继续为后续负载电路供电。分路充电电路图如图 7 - 21 所示，U_1 代表磁电发电机，U_2 是输出为 6 V 的稳压芯片 7806，稳压芯片稳定输出 6 V 需要保证大于 8 V 的输入电压。为准确控制电路输入端电压，采用信号发生器模拟发电机输出电压，控制信号发生器输出电压分别为 9 V、10 V、11 V、12 V（分别对应发电机转速差为 16 363 r/min、18 182 r/min、20 000 r/min、21 818 r/min）。试验结果如图 7 – 22 所示，图中上方曲线为 150 μF 电容两端电压，图中下方曲线为稳压块输出电压，对比两条曲线可知，稳压块输出电压比电容两端电压更快达到稳定，稳压块输出电压稳定到 6 V 的时间随着电路输入电压的升高而缩短且均小于 10 ms。因此，采用分路供电的电源管理策略可以有效降低电源供电压力，保证电源为负载电路可靠供能（快速上电、长时供电）。

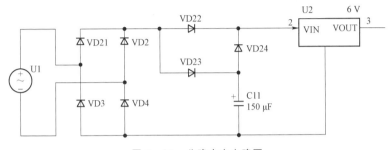

图 7 – 21 分路充电电路图

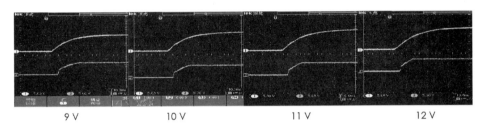

| 9 V | 10 V | 11 V | 12 V |

图 7 – 22 分路充电电路实验结果（彩图见附录）

| 小 结 |

微小型发电机的输出电压或电流通常很难满足直接为引信电路供电的要求，因此需要将发电机的输出进行一定的处理后才能接入引信电路，即需要相应的电源管理。本章以压电式发电机和磁电式发电机为对象，介绍了目前常用的电源管理技术及其相应的一般设计方法。这些技术各有其特点和适用范围，在微小型发电机设计中，还需要根据具体使用对象和环境，进行具体设计、分析和调试。

参考文献

［1］张合，李豪杰. 引信机构学［M］. 北京：北京理工大学出版社，2014.

［2］陈东林，徐立新，赵广波. 引信物理电源技术进展及应用现状［J］. 探测与控制学报，2009（S1）：62－65.

［3］朴相镐，褚金奎，吴红超，等. 微能源的研究现状及发展趋势［J］. 中国机械工程，2008（z1）：1－4.

［4］高世桥，刘海鹏，金磊，等. 微振动俘能技术［M］. 北京：中国科学技术出版社，2016.

［5］王颖澈，李要民，李任杰，等. 微电源发展及其在引信中的应用展望［J］. 探测与控制学报，2012，34（3）：1－7.

［6］牛兰杰，施坤林，赵旭，等. 微机电技术在引信中的应用［J］. 探测与控制学报，2008，30（6）：54－59.

［7］汪德武，曹延伟，董靖. 国际军控背景下集束弹药技术发展综述［J］. 探测与控制学报，2010，32（4）：1－6.

［8］唐任远. 现代永磁电机理论与设计［M］. 北京：机械工业出版社，1997.

［9］宋道仁. 压电效应及其应用［M］. 北京：科学普及出版社，1987.

［10］Holmes A S，Hong G，Pullen K R. Axial-flux Permanent Magnet Machines for Micro Power Generation［J］. Microelectromech. Syst.，2005，14（1）：54－63.

［11］Herrault F，Ji C H，Shafer R H，et al. Ultraminiaturized Milliwattscale Permanent Magnet Generators［C］//The 14th International Conference on Solid-State Sensors，Actuators and Microsystems，Lyon，France，2007：899－902.

［12］Pan C T，Chen Y J. Simulation and Analysis of Electromagnetic In plane Microgenerator［J］. The Journal of Micro / Nanolithography，MEMS and MOEMS，2009，8（3）：031304.

［13］Chen Y J，Pan C T，Liu Z H. Analysis of an In-plane Micro-generator With Various Microcoil Shapes［J］. Microsyst Technol，2013，19：43－52.

［14］David P Arnold. Review of Microscale Magnetic Power Generation［J］. Magnetics，2007，43（11）：3940－3951.

［15］Lee C S，Joo J，Han S，et al. Mutifunctional transducer using poly（vinylidene fluoride）active layer and highly conductingpoly（3，4－ethylenedioxythiophene）electrode：actuator and generator［J］. Applied Physics Letter，2004，85：1841－1844.

［16］赵鹏. 盘式永磁无刷直流电机的设计研究［D］. 杭州：浙江大学，2010.

［17］赵精晶，石庚辰，杜琳. 盘式永磁微型发电机的磁路设计方法［J］. 兵工学报，2014，35（8）：1144－1151.

［18］孙韶春，石庚辰. 旋转式微发电机的设计与制造［J］. 光学精密工程，2011，19（6）：1306－1312.

［19］刘婷. 永磁发电机优化仿真设计的研究［D］. 重庆：西南大学，2011.

［20］徐长江. 引信侧进气涡轮发电机气动优化研究［D］. 南京：南京理工大学，2007.

［21］史维龙. 小口径弹载引信压电电源研究［D］. 郑州：郑州大学，2014.

［22］王雨时，何莹台，王尔林. 滚动轴承在弹药技术中的应用分析［J］. 弹箭与制导学报，1995（1）：36－41.

［23］李映平. 引信压电发电机原理及试验研究［D］. 南京：南京理工大学，2006.

［24］邝应龙，隋丽，石庚辰. 引信用旋转式冲击压电发电机［J］. 探测与控制学报，2015，06：7－11.

［25］Hu J，Tjiu N. Dependence of electric energy output from a lead zirconate titanate ceramic piezoelectric element on impact conditions［J］. Materials Chemistry and Physics，2011，128（1）：172－176.

［26］Pozzi M. Characterization of a rotary piezoelectric energy harvester based on plucking excitation for knee-joint wearable applications［J］. Smart Materials and Structures. 2012，21：1－9.

［27］Abdelkefi A. Aeroelastic energy harvesting：A review［J］. International Journal of Engineering Science，2016，100：112－135.

[28] Barrero-Gil A, Sanz-Andrés A, Roura M. Transverse galloping at low Reynolds numbers [J]. Journal of Fluids & Structures, 2009, 25 (7): 1236 – 1242.

[29] Sirohi J, Mahadik R. Harvesting Wind Energy Using a Galloping Piezoelectric Beam [C] //ASME 2009 Conference on Smart Materials, Adaptive Structures and Intelligent Systems. American Society of Mechanical Engineers, 2009: 443 – 450.

[30] Sari I, Balkan T, Kulah H. An Electromagnetic Micro Power Generator for Wideband Environmental Vibrations [J]. Sens. Actuators, 2008: 405 – 413.

[31] 杨亦春, 赵智江. 利用空气振动发电的引信电源研究 [J]. 南京理工大学学报, 1999, (05): 418 – 421.

[32] 孙宜亮. 子弹飞行稳定性研究 [D]. 南京: 南京理工大学, 2009.

[33] 隋丽, 刘国华, 石庚辰, 等. 柔性压电发电机的发电性能分析 [J]. 北京理工大学学报, 2016, 01: 8 – 12.

[34] 杨芳, 隋丽, 石庚辰. 气动柔性带压电发电机 [J]. 探测与控制学报, 2013, 01: 1 – 5.

[35] 齐洪东, 杨涛, 韩宾, 等. 悬臂梁式压电振动发电机的建模及仿真 [J]. 系统仿真学报, 2009, 20 (23): 6359 – 6364.

[36] 成立, 李茂军, 王鼎湘, 等. 基于压电效应的风力发电方法研究 [J]. 压电与声光, 2015, 37 (2): 361 – 364.

[37] 刘祥建. 多方向压电振动能量收集方法及性能优化关键技术研究 [D]. 南京: 南京航空航天大学, 2012.

[38] 阚君武, 李胜杰, 王淑云, 等. 用于 RWMS 的旋磁式压电悬臂梁发电机 [J]. 振动、测试与诊断, 2015 (03): 481 – 485.

[39] Pozzi M, King T. Piezoelectric modelling for an impact actuator [J]. Mechatronics, 2003, 13 (6): 553 – 570.

[40] Junior C D M, Erturk A, Inman D J. An electromechanical finite element model for piezoelectric energy harvester plates [J]. Journal of Sound and Vibration, 2009, 327 (1): 9 – 25.

[41] Abdelkefi A, Ghommem M, Nuhait A O, et al. Nonlinear analysis and enhancement of wing-based piezoaeroelastic energy harvesters [J]. Journal of Sound and Vibration, 2014, 333 (1): 166 – 177.

[42] Alonso G, Meseguer J, Pérez-Grande I. Galloping instabilities of two-dimensional triangular cross-section bodies [J]. Experiments in Fluids,

2005，38（6）：789 – 795.

[43] Jeon Y B, Sood R, Jeong J H, et al. MEMS power generator with transverse mode thin film PZT [J]. Sensors and Actuators A, 2005, 122: 16 – 22.

[44] 雷军命. 引信气流谐振压电发电机 [J]. 探测与控制学报, 2009, 31（1）: 23 – 26.

[45] 单小彪，袁江波，谢涛，等. 不同截面形状悬臂梁双晶压电振子发电能力建模与实验研究 [J]. 振动与冲击, 2010, 04: 177 – 180.

[46] 李金田，文玉梅. 压电式振动能量采集电源管理电路分析 [J]. 电源技术, 2012（4）: 606 – 610.

[47] 陈永超, 高敏, 俞卫博. 基于钹式压电阵列的新型引信发电装置设计 [J]. 压电与声光, 2015（03）: 681 – 685.

[48] 杨阳. 聚偏氟乙烯（PVDF）/无机粉体复合超滤膜的制备及性能研究 [D]. 上海：上海师范大学, 2014.

[49] 刘超. 振动微能量收集管理系统的研究 [D]. 成都：电子科技大学, 2014.

[50] 李长龙，高世桥，牛少华，等. 高冲击环境对引信用储能电容性能的影响 [J]. 兵工学报, 2016,（S2）: 16 – 22.

[51] 朱春辉. 引信磁后坐电源机构及电路研究 [D]. 南京：南京理工大学, 2012.

[52] 温中泉. 微型振动式发电机的基础理论及关键技术研究 [D]. 重庆：重庆大学, 2003.

[53] Park J C, Park J Y. A Bulk Micromachined Electromagnetic Micro-Power Generator for an Ambient Vibration-energy-harvesting System [J]. Journal of the Korean Physical Society, 2011, 58（5）: 1468 – 1473.

[54] 朱莉娅，陈仁文. 无源压电振动发电机接口电路的改进 [J]. 光学精密工程, 2011,（06）: 1327 – 1333.

[55] 郭军献，李福松，王红丽，等. 火箭发动机气压驱动的直线发电机 [J]. 探测与控制学报, 2011,（01）: 51 – 55.

[56] 滕欣定. 直线式自发电技术探索研究 [D]. 南京：南京理工大学, 2007.

[57] 刘廷柱，陈文良，陈立群. 振动力学 [M]. 北京：高等教育出版社, 1998.

[58] 尹曾锋. 永磁直线直流电机控制系统设计与实验研究 [J]. 船电技术, 2012,（10）: 61 – 64.

[59] 许小勇，阳宇希，刘树林，等. 提高振动发电机充电效率实验研究 [J]. 传感技术学报, 2011,（07）: 976 – 980.

[60] 倪光正. 工程电磁场原理 [M]. 2 版. 北京：高等教育出版社, 2009.

［61］李鑫. 永磁体空间磁场分布规律及其在传感器中的应用［D］. 南京：南京师范大学，2015.

［62］林河成. 稀土永磁材料的现状及发展［J］. 粉末冶金工业，2010，（02）：47－52.

［63］陈晋. 钕铁硼永磁材料的生产应用及发展前景［J］. 铸造技术，2012，（04）：398－400.

［64］徐文峥，王晶禹，陆震，等. 弹性弹体侵彻混凝土靶板的过载特性研究［J］. 振动与冲击，2010，（05）：91－95，156，242.

［65］孙俊伟，张亚，李世中. 弹丸侵彻不同间距靶板的过载特征分析［J］. 中北大学学报（自然科学版），2013，（01）：24－28.

［66］刘飘楚，崔占忠. 适合电子时间引信用新型电源［J］. 探测与控制学报，2004，26（2）：21－23.

［67］陈力，潘宗仁. 一种新型膛内供电电磁感应物理电源［J］. 探测与控制学报，2003，25（4）：39－41.

［68］马宝华. 引信用圆柱螺旋压缩弹簧的优化设计［J］. 兵工学报，1981，（02）：24－32.

索 引

附录（彩图）

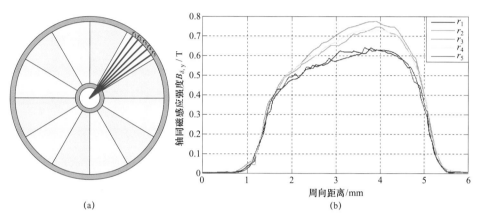

(a)

(b)

图 2−13　发电机三维磁场仿真

（a）磁体表面采样线；（b）采样线上磁感应密度分布

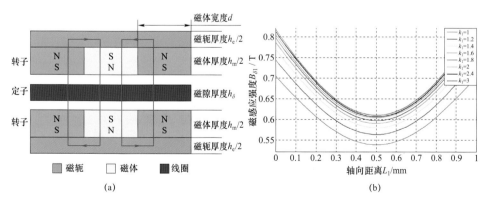

(a)

(b)

图 2−19　轴向比例 $k_1 = h_m/h_\delta$ 对磁场磁感应强度轴向有效分量 B_δ 的影响

（a）模型参数；（b）不同 k_1 取值，磁体中线上的磁场磁感应强度轴向有效分量 B_δ

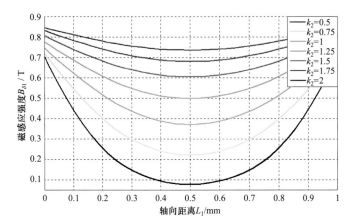

图 2-20 不同 k_2 取值，磁体中线上的磁感应强度轴向分量 $B_{\delta 1}$

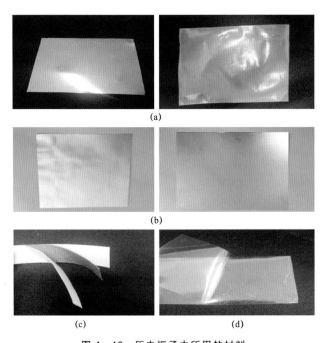

图 4-10 压电振子中所用的材料

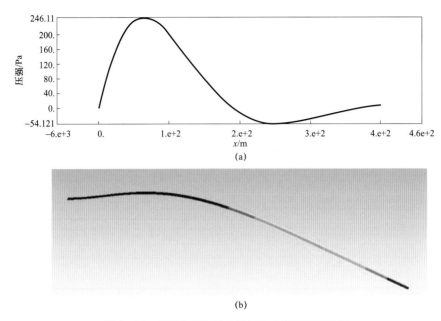

(a)

(b)

图 4 - 19　疲劳分析加载曲线与压电振子变形结构

（a）压强变化曲线；（b）压电振子振形

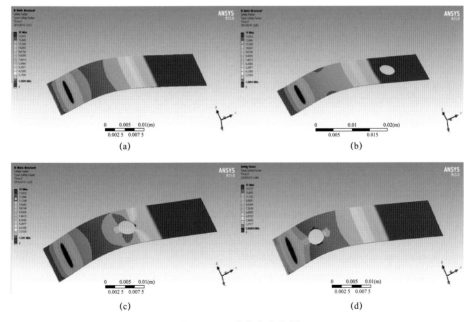

(a)　　　　　　　　　　　　　　　　(b)

(c)　　　　　　　　　　　　　　　　(d)

图 4 - 20　疲劳寿命分析

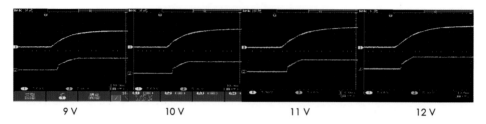

图 7 - 22　分路供电电路实验结果